LE SILICIUM ORGANIQUE

DE LOÏC LE RIBAULT

www.tredaniel-courrier.com
info@guytredaniel.fr

ISBN : 2-84445-707-X

LAURE POULIQUEN
ASSOCIATION DE MÉDECINES ÉVOLUTIVES
SANTÉ ET SCIENCES INNOVANTES
Vers le progrès du bien-être de la santé et des sciences

LE SILICIUM ORGANIQUE

DE LOÏC LE RIBAULT

GUY TRÉDANIEL ÉDITEUR
19, rue Saint-Séverin
75005 Paris

INTRODUCTION

Depuis quelques années, il ne se passe guère de mois sans qu'apparaissent sur le marché de nouveaux produits à base de silicium organique, toujours officiellement présentés comme « compléments alimentaires », « cosmétiques » ou « produits de confort ».

Pourtant, l'étude des documentations fournies par les fabricants révèle généralement l'existence de revendications thérapeutiques déguisées ou font référence à des articles scientifiques prouvant l'utilité du silicium organique dans le traitement de diverses maladies.

Nombre de nos correspondants nous ont demandé quelle était l'histoire vraie du silicium organique, **preuves à l'appui**.

Au cours de l'enquête que nous avons menée, nous avons lu ou entendu beaucoup de mensonges et de contrevérités, constaté que beaucoup de poulets se paraient des plumes du paon, que les découvertes des uns étaient attribuées aux autres, qu'apparaissaient des « chercheurs » qui n'existent pas, que des vérités étaient occultées, bref, que le silicium organique semblait être devenu un colossal enjeu financier pour des applications sans intérêt bien éloignées des espoirs qu'il apporte en médecine.

Nous avons constaté que pratiquement aucun des diffuseurs des produits à base de silicium organique n'était capable de répondre aux questions techniques précises que nous leur posions, et qu'aucun n'était en mesure de nous donner les coordonnées de scientifiques travaillant avec eux. Ou, lorsque des noms étaient donnés, que ces scientifiques n'existaient tout simplement pas.

Enfin, que tous ces produits, sans exception, sont apparus sur le marché à partir de 1996, date clé sur laquelle nous reviendrons.

Nous avons pu vérifier que le silicium à usage thérapeutique est né et s'est développé grâce au travail de **trois chercheurs de réputation internationale, et à eux seuls** : **Norbert Duffaut**, inventeur du silicium organique de synthèse, **Jacques Breton**, inventeur de l'ionocinèse contrôlée, et **Loïc Le Ribault**, inventeur du silicium buvable, qui s'est en outre battu pour que le produit soit connu du grand public.

Nous avons découvert que les preuves scientifiques **officielles** de l'efficacité thérapeutique du silicium organique abondaient depuis longtemps, qu'il n'en avait jamais été tenu compte par les autorités médicales supposées responsables, que non seulement les inventeurs n'avaient pas été aidés par ces dernières (dont c'était pourtant – et c'est toujours – le devoir), mais que depuis cinquante ans lesdites autorités font tout pour étouffer cette découverte fondamentale.

Et nous nous sommes posé la question de savoir comment un tel scandale avait été rendu possible.

Laure POULIQUEN

Fondatrice – Présidente de l'association A.M.E.S.S.I.[1]

Association de **M**édecines **É**volutives **S**anté et **S**ciences **I**nnovantes

Vers le Progrès du Bien– être de la Santé et des Sciences

contact Amessi : **0 892 680 631** code **28816 #**

amessi@amessi.asso.fr

web :

amessi.asso.fr ou amessi.org et http://forum.amessi.org

innovationsante.com

N.B.: dans le texte qui suit, les chiffres entre parenthèses précédés d'un astérisque (*) renvoient à des documents cités dans la bibliographie.

1. AMESSI intervient notamment dans la défense de certains médecins, chercheurs, inventeurs, découvreurs qui tentent d'améliorer la vie de nos contemporains, ceux qui sont persécutés, dont les travaux et recherches sont passés sous silence, voire totalement occultés, AMESSI participe à la promotion de leurs découvertes, œuvre pour la reconnaissance des médecines et des sciences dites « alternatives », pour la liberté individuelle et le libre choix thérapeutique.

Le SILICIUM

Le silicium (symbole Si) occupe la colonne IVB, tout comme le carbone, dans le tableau de Mendeleïev (1834-1907). Son numéro atomique est 14, sa masse atomique 28. Son nom vient du latin « silex » : caillou.

Antoine-Laurent Lavoisier avait soupçonné son existence en 1787, mais ce n'est qu'en 1823 que Jöns Jacob Berzelius l'isola dans un état de pureté suffisant pour pouvoir en aborder l'étude.

Le silicium cristallisé a un aspect métallique ; en raison de sa pureté, il polit le verre, mais il est poli par l'émeri. Sa densité est de 2,33 à 25 °C. Il fond à 1 410 °C et bout à 2 680 °C. On l'utilise de plus en plus pour l'obtention de semiconducteurs.

En raison des analogies entre les éléments silicium et carbone (C), on a très tôt (dès le XIXe et surtout au début du XXe siècle) songé à bâtir une chimie organique du silicium (chimie organosilicique). En fait, le silicium, plus volumineux et plus électropositif que le carbone, a donné naissance à une chimie organique spécifique, où son affinité pour l'oxygène tient une place prépondérante.

Le **SILICIUM MINÉRAL** est le principal constituant de l'écorce terrestre (27,80 % en poids) après l'oxygène (46,60 %). On le trouve sous forme amorphe ou cristalline dans de nombreuses roches telles que les granites, les sables, les argiles, etc.

Dans sa forme la plus simple, il est composé d'un atome de silicium et de deux atomes d'oxygène (SiO_2).

Le silicium est omniprésent dans toute l'histoire de l'humanité, depuis les outils en silex de l'homme préhistorique jusqu'aux composants électroniques actuels, qui ne cessent de se perfectionner. Il a été empiriquement utilisé pour ses propriétés thérapeutiques dès l'Antiquité (bains de boues argileuses, extraits de plantes riches en silice, enfouissement dans le sable, cures thermales dans des eaux siliceuses, etc.).

Depuis plus de quatre-vingts ans **(* 29)**, on sait que l'organisme humain contient du silicium. On en trouve notamment une quantité importante dans les tissus, les cartilages, le thymus, les parois vasculaires, les surrénales, le foie, la rate, le pancréas, etc.

Il a aussi été démontré que cet élément intervient dans de nombreux mécanismes physiologiques.

Mais il existe un autre type de silicium : le **SILICIUM ORGANIQUE**.

Cet organosilicié se différencie du précédent par la présence d'un (ou de plusieurs) atome(s) de carbone associé(s) à de l'hydrogène.

Une molécule de silicium organique peut comporter :

– soit un seul radical OH et trois radicaux carbonés ; s'il s'agit de radicaux méthyle CH3, le composé est le **triméthylsilanol** :

CH3
|
CH3 — Si — OH
|
CH3

– soit deux radicaux OH et deux radicaux carbonés ; s'il s'agit de deux méthyles, le composé est le **diméthylsilanetriol** :

CH3
|
OH — Si — OH
|
CH3

– soit trois radicaux OH et un radical carboné ; s'il s'agit d'un radical méthyle, le composé est un **méthylsilanetriol** :

OH
|
OH — Si — OH
|
CH3

C'est de ce dernier dont il sera question tout au long de cet ouvrage.

Les fonctions OH ont une charge négative et exercent leur attraction sur les molécules ou les éléments de charge positive, avec lesquels elles établissent un « pont » de nature électrostatique qu'une faible énergie suffit à rompre.

Il a été démontré **(* 67)** qu'outre le silicium minéral, le silicium organique est omniprésent dans tous les organismes vivants.

On sait aussi que l'être humain naît avec un « capital » de silicium organique qui va jouer un rôle fondamental dans la constitution, l'équilibre et la défense de son organisme.

Mais ce « capital » diminue inexorablement avec le vieillissement **(* 40)** : on considère que l'homme perd graduellement 80 % de celui-ci entre l'âge de 10 ans et la fin de sa vie, ce qui provoque l'affaiblissement de son système immunitaire et la dégénérescence de ses cellules.

Ce phénomène est irréversible, car l'être humain est hétérotrophe[2], donc incapable de **transformer** le silicium minéral qu'il ingère (dans les aliments, la boisson, etc.) en silicium organique, et le silicium minéral (sous quelque forme qu'il soit, y compris la silice colloïdale) **n'est pas assimilable** ; il peut même être toxique à haute dose, notamment pour les reins.

---

2. Un organisme hétérotrophe ne peut pas se nourrir directement de composés minéraux, mais uniquement de substances minérales déjà transformées en substances organiques par d'autres organismes, dits autotrophes, tels que les plantes. Celles-ci élaborent leurs substances nutritives à partir d'éléments minéraux. Pour réaliser cette transformation, les plantes synthétisent des enzymes spécifiques. Le silicium organique est ensuite véhiculé par la sève et favorise la croissance du végétal. Parvenu dans les tiges, les branches ou les feuilles, il effectue la transformation inverse et redevient du silicium minéral insoluble.

L'organisme humain étant dans l'impossibilité de reconstituer son « capital » de silicium organique, celui-ci diminue donc progressivement jusqu'à sa mort.

C'est pourquoi la découverte d'un procédé de fabrication de silicium organique de synthèse en 1957 est sans doute une des découvertes thérapeutiques les plus importantes de l'époque contemporaine.

Tout simplement parce que les produits ainsi fabriqués permettent à l'organisme de reconstituer son « capital » de silicium organique, et de lutter contre les agressions dont il est victime.

Première partie

Les « TROIS MOUSQUETAIRES »

Fig. 1 Norbert Duffaut.

LE D.N.R.

Brillant scientifique, Norbert Duffaut **(Fig. 1)**, chimiste organicien à l'université de Bordeaux, obtient en mai 1956 le prix *Raymond Berr* qui récompense la meilleure découverte française consécutive à des travaux entrepris depuis moins de trois ans. Il a su attirer l'attention du jury « *sur les possibilités réelles des composés organosiliciés et les développements prometteurs de ces nouveaux dérivés qui remplaceraient les silicones* » **(* 67)**. Il a 33 ans.

L'année suivante, il réussit à synthétiser pour la première fois une molécule d'organosilicié, stabilisée avec de l'acide ascorbique. Ce produit est à l'origine fabriqué à la demande d'un ami, en quête d'un produit susceptible de stopper la pousse des bourgeons des plants de tabac. Les essais s'avèrent encourageants.

Mû alors par une extraordinaire intuition, Duffaut décide de tester immédiatement son produit sur le cancer. Dans son livre **(* 67)**, il n'explique pas les raisons qui l'ont poussé à cette décision. Peut-être est-ce cela, le génie, l'application d'une idée apparemment irrationnelle qui conduit aux plus grandes découvertes ?

La première expérimentation de ce qu'il appelle alors le « DN1 » (« Duffaut Norbert 1 ») va démontrer immédiatement à la fois l'efficacité du produit... et l'indifférence des autorités médicales confrontées à des résultats qui les dépassent. Ou plutôt les surpassent.

Écoutons Duffaut **(* 67)** : « *L'expérimentation commença vers le 10 décembre 1957 sur une personne qui avait un cancer du sein et de nombreuses métastases. Le sein avait été enlevé mais dans cette région s'étaient développés six petits nodules. Kakao*[3] *fit une injection d'un centimètre cube dans deux des nodules. L'opération fut répétée deux fois par semaine.* (Un mois plus tard) *J'étais un peu à l'écart du groupe des étudiants et de leurs maîtres qui examinaient la première malade au monde, cancéreuse de surcroît, traitée au D.N.1. L'attente me paraissait longue, voire interminable. Enfin, le patron s'adressa à moi et dit : « Les six nodules ont disparu, on peut continuer à soigner les malades avec le D.N.1.»*

(...) Deux malades ayant des tumeurs apparentes furent traitées de la même manière. Les résultats furent positifs. »

Malgré ces résultats, les expérimentations ne furent pas poursuivies.

Le D.N.1. jaunissait à la lumière à cause de l'acide ascorbique ; sur les conseils du docteur Janet (un médecin qui utilise son produit), Duffaut décide malheureusement de remplacer l'acide ascorbique (vitamine C) par de l'acide salicylique (aspirine).

---

3. Surnom d'un interne.

Il baptise « *D.N.R.* » (« *Duffaut Norbert Remède* ») le nouveau produit ainsi obtenu.

Ce changement fut sans doute une décision regrettable, car le fait que le D.N.1 jaunisse n'était guère important. Mais la présence d'acide salicylique dans le DNR empêcha son utilisation par les patients allergiques aux dérivés salicylés qui peuvent agresser la muqueuse gastrique. L'administration du D.N.R ne pouvait donc se faire que par injections ou par applications locales. Cet inconvénient dura jusqu'à ce que Le Ribault remplace l'acide salicylique par un stabilisant neutre, rendant ainsi le produit buvable : le « G5 », dont nous parlerons plus tard.

Dès le début de 1958, Duffaut commence à effectuer de très nombreuses applications de DNR dans le traitement des maladies cardio-vasculaires, des rhumatismes et des cancers. De nombreux articles parus dans des revues spécialisées témoignent de son succès. Durant près de trente ans, il va travailler en collaboration constante avec son ami physicien Jacques Breton, inventeur de l'ionocinèse contrôlée[4] **(* 63)**. Cette méthode, associée au DNR, permettra à de nombreux médecins d'obtenir de remarquables résultats dans le traitement des maladies les plus diverses.

Néanmoins, malgré d'innombrables démarches auprès de tous les organismes officiels français supposés responsables de la santé publique, Duffaut ne réussit jamais à faire tester le DNR par ceux-ci : il se heurte à une totale indifférence.

---

4. Méthode d'électrothérapie utilisant les propriétés des champs électriques régulés. En gros, cette méthode consiste à utiliser un courant continu hautement stabilisé.

Plus tard, le docteur G.R. Rager entreprend d'expérimenter le DNR sur les maladies cardio-vasculaires. Les résultats obtenus sont tels qu'en 1967 l'Académie de médecine lui attribue le prix *J. Levy-Bricker* pour récompenser ses travaux sur l'utilisation des organosiliciés en thérapeutique humaine. Mais Duffaut, lui, n'est pas honoré du moindre laurier. Comme le souligne Pierre Lance **(* 71)** : « *L'inventeur du DNR, sans qui rien ne serait possible, est apparemment considéré par l'Académie de médecine comme quantité négligeable. Mais on récompense et on glorifie le médecin qui s'est contenté de donner à ses patients un médicament préparé par un autre, à l'aide d'un appareil réalisé par un troisième.*

Je ne veux certes pas minimiser les mérites du Dr Rager, qui a bien voulu prêter attention à l'invention d'un chimiste, et c'est déjà la preuve d'une rare ouverture d'esprit. Il n'en reste pas moins que, dans cette affaire, le vrai pionnier, c'est Norbert Duffaut. On me dira peut-être que l'Académie de médecine considère sans doute que son rôle est de récompenser des médecins et non des chercheurs d'autres disciplines. Et pourquoi donc ? Elle devrait être attentive à encourager tous ceux qui apportent une innovation utile à la médecine, et qui ont toujours été beaucoup plus nombreux chez les chimistes et les biochimistes que chez les médecins. En outre, puisque l'Académie couronne un médecin qui a utilisé avec succès le silicium organique en cardiologie, que ne se fait-elle un devoir de promouvoir cette nouvelle substance dans toutes les disciplines médicales et de faire en sorte que d'autres spécialistes imitent dans leur domaine le Dr Rager, afin de multiplier les expérimentations dans toutes sortes de pathologies ? »

C'est effectivement la question que nous nous poserons tout au long de cet ouvrage...

Sans trêve, Duffaut poursuit ses expérimentations en tous domaines : maladie de Carré, cholestérol, hypertension, cirrhose du foie, entérocolite hémorragique du chien, mastoses, asthme, bronchites chroniques, etc. Il démontre aussi que les patients atteints de cancer auxquels on applique des organo-siliciés supportent mieux les effets secondaires de la chimiothérapie et de la radiothérapie, et ne souffrent ni de brûlures ni de chute des cheveux.

Des *milliers de malades* sont ainsi traités avec succès des affections les plus variées.

Voici quelques extraits du livre de Duffaut **(* 67)**, consacrés à diverses pathologies :

Cancer

« (...) pour traiter le cancer, je proposai l'ionocinèse à l'hôpital en véhiculant le D.N.R. à l'électrode négative. Ma proposition fut immédiatement adoptée et les résultats furent positifs. Je me souviens avec beaucoup d'émotion de la résorption quasi totale d'un cancer de l'ovaire par cette technique. La patiente avait une masse tumorale de la grosseur de la tête d'un enfant au niveau de l'ovaire. En une vingtaine de jours, une dizaine de séances d'ionocinèse au D.N.R. avaient permis de faire diminuer cette masse tumorale d'une manière spectaculaire : elle n'avait plus que la dimension d'une mandarine. »

« Le D.N.R., même utilisé seul (ou, mieux, après addition de quelques oligo-éléments) permettait de traiter efficacement le cancer du poumon. Dans plus de deux cents cas, nous avions observé une évolution bien plus favorable qu'il était permis de pronostiquer, ainsi que le caractère durable

des résultats obtenus dans 90 % des cas et une amélioration de l'état général des patients, et ce avec un recul de plus de dix ans.

Les patients mettaient une compresse de coton imprégnée de D.N.R. sur leur poitrine avec une feuille de plastique par desssus, et ce huit heures par jour (de préférence la nuit). Ils tamponnaient également leurs avant-bras deux fois par jour, laissaient sécher deux minutes et rabattaient leurs manches. Il faut rappeler que ce complexe organosilicié traverse facilement l'épiderme et le derme avant d'entrer dans l'économie générale.

Au cours de l'expérimentation animale, nous avions, en effet, montré avec les experts pharmacologues qu'une demi-heure après application du D.N.R. sur la patte du cobaye, on retrouvait le produit dans le sang. **(* 27)** »

« *J'ai (...) encore en mémoire les cris de joie et d'enthousiasme de médecins homéopathes qui, à travers la France, observaient de manière beaucoup plus scientifique les améliorations rapides des radiographies des patients atteints de cancer du poumon. Ces changements, ils ne les avaient jamais observés avec les traitements classiques, et ils tenaient à me le dire de façon spontanée. C'était surtout l'amélioration observée sur leur premier malade traité au D.N.R. qui déchaînait leur enthousiasme.* »

« *Nous avions observé également que dans plus de 90 % des cas, le D.N.R. permettait d'obtenir des résultats satisfaisants pour le traitement du cancer du pancréas.* »

Maladies cardio-vasculaires

« *Le traitement des angines de poitrine, des infarctus du myocarde et des artérites était constitué par une série de douze à seize séances d'ionocinèse d'une demi-heure chacune. L'intensité du courant appliqué variait entre cinq et vingt-cinq milliampères.*

Dans les deux premiers cas, les électrocardiogrammes perturbés et même très perturbés redevenaient progressivement normaux, dans 60 % des cas pour les infarctus et dans 90 % des cas pour les angines de poitrine. Pour les artérites, les atroces douleurs nocturnes et diurnes s'estompaient progressivement. Le sang circulait peu à peu de manière quasi normale dans les jambes grâce à la restauration de la circulation périphérique. Le spectre de la gangrène et de l'amputation des jambes s'éloignait et les patients pouvaient recommencer à marcher. »

« Je procédais par de simples applications locales en faisant appliquer des compresses imprégnées de D.N.R. sur la région du cœur. Celle-ci était appliquée pendant 8 heures, la nuit de préférence. Le traitement durait de 15 à 30 jours avec ce protocole expérimental. Dans le cas des angines de poitrine et des infarctus, les résultats étaient au moins aussi satisfaisants que ceux obtenus par R. Rager. Les effets bénéfiques étaient plus longs à se manifester qu'avec l'ionocinèse mais les résultats étaient bons. Dans le cas du traitement des artérites, notre protocole expérimental donnait également des résultats satisfaisants. »

Cholestérol

« J'essayai donc de faire baisser le taux du cholestérol dans le sang par application locale du D.N.R. J'expérimentais en faisant varier chaque fois un paramètre pour obtenir les résultats les meilleurs. Je faisais tamponner les avant-bras deux à trois fois par jour. Comme le D.N.R.

traverse facilement la peau, ceci était équivalent à une piqûre intraveineuse.

Le taux de cholestérol avait tendance à baisser, mais ce n'était pas l'idéal. Aussi, un jour, je fis appliquer des compresses de D.N.R. au niveau du foie.

Nos espérances furent dépassées : la teneur en cholestérol passait de 3,5 à 2 grammes par litre en un mois. Je craignais une erreur d'analyse, aussi je fis tester cette technique sur une centaine de cas. Les résultats furent reproductibles : la méthode était au point. Je l'ai indiquée à de nombreux médecins. La seule solution qui s'impose expérimentalement est l'emploi méthodique du D.N.R. par application de compresses ou par ionocinèse sur le foie. »

Affections virales

« *(...) en 1976, je m'aperçus que l'hépatite à virus pouvait être traitée de manière efficace et rapide, en appliquant une simple compresse de D.N.R. sur le foie du malade pendant quelques jours.*

L'état clinique d'un grand nombre de malades s'améliorait rapidement et les preuves objectives (le dosage des transaminases en particulier) le confirmait. Nous n'obtenions que 15 % d'échecs.

Il existait à ce moment-là deux types d'hépatites à virus connues : l'hépatite de type A, la plus courante, l'autre l'hépatite de type B, la plus dangereuse. Depuis, on a découvert une hépatite de type C.

Pour le type A, nous observions que les valeurs des transaminases passaient de 1500 U.I. (Unités Internationales) à 100 U.I. en six jours ; pour les hépatites de type B, les transaminases passaient systématiquement de 3500 à 1000 U.I. en deux jours. Puis les valeurs redevenaient progressivement normales. Il faut préciser que le seul traitement pour les deux types d'hépatites consistait en l'application de D.N.R. sur le foie du patient. »

Cirrhose du foie

« L'une des analyses pratiquées sur ces malades est la teneur en cholestérol. Les malades que je côtoyais avaient en général 0,8 gramme de cholestérol (la teneur normale est de 2 grammes par litre environ). Lorsqu'elles mettaient du D.N.R. en compresse sur le foie huit à douze heures par jour, ils observaient en général, au bout d'un à deux mois que la teneur en cholestérol de leur sang était entre 1,6 et 1,8 gramme au litre. »

Mastoses

« Psychologiquement, les femmes sont très affectées, car elles sont hantées par le spectre du cancer. (...) Nous constatâmes que de simples applications locales permettaient de faire disparaître totalement les chapelets de mastoses en deux à six mois de traitement. Il ne s'agissait pas d'une stabilisation, mais bien d'une disparition totale de cette affection. Chacun de notre côté, nous l'avions vérifié sur un millier de cas. »

Dès la fin des années soixante, les autorités médicales françaises ne peuvent donc plus ignorer qu'il existe une molécule à usage thérapeutique susceptible de soigner une multitude d'affections, y compris les plus graves. D'autant moins que des publications scientifiques officielles ont déjà été faites sur le silicium organique **(voir bibliographie)**, et qu'un prix non moins officiel a été décerné par l'Académie de médecine à un praticien ayant utilisé avec succès le produit fourni par Duffaut.

Fig. 2 Jacques Breton.

L'Ionocinèse

Dans son livre **(* 67)**, Duffaut fait très fréquemment mention de l'ionocinèse contrôlée, méthode qui arrive pourtant dans son texte un peu comme un cheveu sur la soupe : étrangement, il ne mentionne pas le nom de l'inventeur de la méthode, qui a pourtant travaillé plus de trente ans avec lui.

Par chance, le professeur Jacques Breton **(Fig. 2)** a relaté ses travaux en 2003 **(*63)**.

Dans son introduction, on perçoit les raisons de l'étrange silence de Duffaut à son égard : celui-ci devenait méfiant face aux résultats extraordinaires apportés par l'ionocinèse et, comme la plupart des découvreurs, craignait inconsciemment que son invention ne lui échappe.

« *Le lecteur sera sans doute surpris par les différences parfois notables existant entre la relation des événements faite par Norbert Duffaut et la présente relation. Il faut alors absolument avoir toujours présent à l'esprit le fait que Norbert s'était donné pour mission exclusive la diffusion du*

DNR, hors de tout compromis. Il était chimiste, spécialiste du silicium reconnu à l'échelle internationale. Au-delà de son activité et de ses obligations professionnelles, toutes ses préoccupations étaient tournées vers un unique objet : la promotion du DNR et ses applications au bien des malades. Il a donc toujours refusé une quelconque implication dans des domaines étrangers à cette préoccupation, tels que les problèmes de biophysique cellulaire et a fortiori les moyens électroniques appliqués au milieu vivant, quels que fussent ces moyens, leur impact ou leur action. Il a toujours eu, par contre et à l'évidence, un besoin pressant de médecins qui acceptent d'utiliser son produit, trouvant en eux des interlocuteurs intéressés au succès d'une thérapeutique simple, efficace et d'une parfaite innocuité, mais ne voulant en aucun cas, sauf exception, multiplier les risques. Je suis physicien et biophysicien, et si j'ai beaucoup appris de chimie, j'ai appris aussi que les lois de la physique priment toujours en dernier ressort, simplement parce que la chimie en est totalement tributaire. Il était donc inéluctable que ma vision des événements et leur approche fussent différentes de celles de Norbert, d'autant plus que nombre de ceux-ci lui furent tout simplement inconnus, ou qu'il ne put ou ne voulut jamais les prendre en compte.

J'ai seulement désiré que dans cette brève chronique d'années cruciales, le lecteur dispose d'éléments objectifs, dates, lieux, documents officiels, personnes directement concernées, lui permettant de mieux cerner le contenu des événements auxquels Norbert et moi avons été mêlés, et la part que j'ai prise à leur déroulement. »

En 1958, Duffaut mit Breton en contact avec le docteur Janet, qui avait un problème de physique qu'il ne pouvait résoudre :

« (...) Norbert me pose « la » question : « Serais-je intéressé par l'étude et surtout la réalisation d'un système électronique destiné à des applications médicales ? » La question vient en fait du docteur Janet, gastro-entérologue, grand praticien du DNR, qui souhaite remettre à l'honneur les vieilles méthodes de « galvanothérapie », tombées en désuétude au vu de la précarité de leur emploi, de l'irrégularité des résultats et surtout des risques encourus du fait d'une absence de contrôle des paramètres électriques.

Il s'agit en l'occurrence d'acheminer par voie ionique le produit que Norbert a mis au point et qu'il utilise en applications, afin d'en accélérer la pénétration et probablement l'efficacité, en acheminant des intensités de courant suffisantes, hors de tout risque. Le docteur Janet a donc sollicité de Norbert un contact avec un physicien capable d'appréhender le problème biologique, et surtout le problème électronique, chose très peu évidente en 1958. Candide et enthousiaste, j'ai évidemment accepté sur l'instant, à la grande satisfaction et au soulagement de Norbert, dont quelques contacts préalables avec des collègues physiciens avaient sérieusement rafraîchi les espoirs.

Le problème est épineux, l'électronique étant encore dans l'enfance, les matériels assez difficiles à acquérir, l'application au domaine médical plus que confidentielle, et pardessus tout, la maîtrise complète des paramètres électriques propres aux applications envisagées inexistante à cette époque ! »

« (...) Le mérite de Jacques Janet est d'avoir su tirer les leçons des méthodes de la galvanothérapie et de ses aléas : pour éviter ceux-ci et les risques des sources habituelles de courant continu, il faudrait éviter les variations erratiques de ce courant. Ne connaissant rien de l'électronique, Janet

ne pourra évidemment aller plus avant, devra avoir recours à une personne avertie, et me trouvera grâce à Norbert... »

« Le premier travail avec Jacques Janet concerne les pathologies colorectales : il faut acheminer in situ le médicament utile additionné de DNR, afin que sa concentration au voisinage du tissu pathologique soit maximale : une électrode spéciale, imaginée par Janet, introduite dans l'ampoule rectale et alimentée en continu du précieux liquide, une électrode disposée sur l'abdomen pour le retour du courant. L'ensemble est alimenté par le premier modèle de générateur de courant régulé, plus exactement de « tension asservie », que j'ai mis au point et livré au printemps de 1960 : j'ai conservé précieusement la facture et le talon du chèque de règlement, en date du 19 mai, premier du genre ! Bien qu'il soit encore relativement rustique, l'appareil va donner immédiatement d'excellents résultats et accréditer « l'ionocinèse contrôlée ». J'ai d'ailleurs dû modifier également l'électrode rectale et son système d'alimentation, pour lui adjoindre un dispositif opto-électronique de contrôle des contractions rythmiques du côlon pendant les séances. C'est au cours de ce travail que Janet, dont le diagnostic est presque toujours très pertinent, a retrouvé une amélioration certaine de l'état des patients présentant une tumeur suspecte... et qu'est née la première discussion de fond : qui, de « l'effet électrique » ou de « l'effet DNR » est responsable de l'amélioration ?

C'est probablement de cette période que date aussi l'anxiété de Norbert et sa méfiance vis-à-vis de ce que j'allais développer avec un succès éclatant et toujours renouvelé : ce que j'avais nommé, en bon jargon de physicien, « l'ionocinèse contrôlée ». Nul autre que moi ne pouvait – et pour cause – inventer un tel néologisme, et il est bien regrettable qu'il se soit retrouvé tout à coup... doté d'autres pères ! Ce nom de baptême et sa paternité seront d'ailleurs attestés sans discussion possible par des publications scientifiques personnelles ou collectives sur lesquelles je reviendrai. »

Breton rencontre ensuite le docteur Rager, avec lequel il va obtenir des résultats extraordinaires :

« (...) *pendant l'hiver 1961– 62* (Rager) *vient chez moi le soir après souper, deux ou trois fois par semaine pendant les trois ou quatre premiers mois d'expérimentation. Nous pouvons ainsi analyser au jour le jour les résultats qu'il obtient, dont il me parle avec un enthousiasme jamais démenti. Pour la première fois de sa carrière, déjà avancée, il observe une amélioration impressionnante de l'état de ses malades les plus gravement atteints, et ce en quelques séances seulement. Et de surcroît, cette amélioration survient systématiquement, conduisant chez plus de quatre-vingt pour cent de ses malades traités à la quasi-disparition de tout symptôme, au quasi-abandon des médications habituelles et au retour à une activité et une vie normales.* »

« *L'automne 1962 nous voit donc quasiment maîtres d'une thérapeutique exceptionnelle, d'une extraordinaire efficacité et d'une totale innocuité. La qualité des résultats, leur réalité clinique, leur permanence, sont parfaitement indiscutables, attestées par près de deux cents malades traités avec un succès constant, tous malades disposant d'un dossier complet rapportant l'évolution de la pathologie, excluant donc le recours à un « effet placebo » ou une « rémission spontanée », qui seraient ainsi survenus miraculeusement dans le cabinet de Rager de façon étrangement systématique !* »

En 1964, Breton entame une collaboration étroite et fructueuse avec le docteur Clauzel :

« (...) *Tout comme pour Rager, ce sont près de deux mille malades que ce cardiologue traitera personnellement avec le « cytotron », nom que j'ai finalement donné au générateur d'ionocinèse.* »

« *Ce sont donc plus de quarante mille séances que les patients, de toutes étiologies cardio-vasculaires, recevront sans que soit observé* **un seul** incident ou problème lié à la technique.

Et le docteur Clauzel retrouvera tous les résultats de ses confrères, confirmant leur réalité et l'exactitude de ceux-ci : en moyenne, de 80 à 90 % de succès complet, traduit par la rapide et totale disparition de tout syndrome douloureux, l'arrêt complet de prise de médicaments, le retour de l'aptitude à l'effort, le retour à une activité normale. Les résultats les plus impressionnants seront observés chez des malades anciens, dûment étiquetés, présentant un angor sévère, rebelle aux médicaments, ainsi que dans les cas rebelles de séquelles d'infarctus. Appliquée également aux artériopathies des membres inférieurs, la technique donnera fidèlement des résultats inespérés, épargnant le plus souvent une amputation imminente à des patients désespérés, permettant à la majorité d'entre eux de retrouver une mobilité quasi normale, hors de tout syndrome douloureux. »

Se pose alors la grande question, celle qui inquiéta Duffaut : l'ionocinèse seule agit-elle, ou est-ce le DNR ? Ou la conjuguaison des deux est-elle nécessaire ? Ou utile ?

Breton poursuit :

« (...) *autre preuve sans appel que le travail de Clauzel apportera : le fait que l'ionocinèse seule fournit les résultats observés.*

J'ai approvisionné mon cardiologue en solution spéciale, destinée aux électrodes, pendant de nombreuses années. Sauf rares exceptions, en particulier lors des premières séries d'applications, cette solution était exempte de DNR pour des raisons pratiques d'approvisionnement, sans que le docteur Clauzel ait jamais constaté la moindre différence dans les résultats obtenus.

Il est même arrivé que, privé momentanément de l'électrolyte, le docteur Clauzel fût obligé d'utiliser l'eau de la ville.

Mis à part un érythème plus ou moins prononcé à l'emplacement des électrodes, il continuera d'observer en ces occasions une même efficacité du traitement, une totale similitude des résultats.

Il convient une fois encore d'insister sur le caractère spécifique de l'ionocinèse : la forme strictement définie du champ électrique appliqué aux régions ou organes atteints, l'interaction de ce champ avec les sites spécifiques responsables des échanges transmembranaires, conduisent à une restauration des stuctures et un retour de la dynamique cellulaire, immédiatement traduits par une amélioration rapide et décisive de l'état du patient.

On peut donc caractériser l'ionocinèse par la nature purement physique des mécanismes en jeu (électrocinétiques et/ou quantiques membranaires), la rapidité de son action et l'intensité des effets obtenus ; à cela doivent être ajoutés le maintien dans la durée de ces effets, dans la grande majorité des cas, et une totale inocuité. Sa mise en œuvre doit seulement être différée à l'occasion d'états inflammatoires intenses qu'elle semble n'avoir pas vocation de traiter.

L'usage du DNR seul a conduit à des résultats équivalents, avec pour différences l'existence d'un délai d'action sensiblement plus long et la nécessité d'un traitement prolongé, facteurs défavorisants dans le cas de patients gravements atteints.

La mise en œuvre conjointe de l'ionocinèse et du DNR – lorsqu'elle fut possible – a toujours apporté les meilleurs résultats, le patient bénéficiant alors de la puissance de l'ionocinèse et de l'apport utile d'un composé organosilicié essentiel. »

« *L'association des deux thérapeutiques constitue (...) manifestement la méthode de choix pour le traitement de fond de ces pathologies, avec un taux de succès exceptionnel et son maintien dans le temps.*

Mais là encore va se confirmer la fracture évoquée plus haut, et très probablement des pressions auxquelles Norbert ne pourra résister, rendant impossible la mise en œuvre d'une stratégie commune, seule efficace. »

En l'absence de cette stratégie commune, et d'une étude scientifique approfondie des apports réciproques du DNR et de l'ionocinèse, les relations vont se dégrader insensiblement mais profondément entre Norbert Duffaut et Jacques Breton :

« (...) *mes relations avec Norbert sont devenues plus difficiles ; bien qu'il continue d'utiliser le DNR en additif à l'électrolyte, Rager ne manque pas d'insister sur l'effet, qu'il estime fondamental, de l'ionocinèse. Il en résultera, bien à tort, une amertume certaine de Norbert, qui se traduira par le refus d'évoquer les effets de l'ionocinèse, surtout associée à son DNR dont nous sommes totalement convaincus de l'efficacité, DNR qu'il me fournit en abondance... afin que je l'utilise lors des séances !*

Ainsi se perpétuera, au long de plus de trente années, ce qui restera pour moi souvenirs précieux, paradoxes et sources de peine : Norbert présent à tous les événements marquants de ma vie de famille, partageant les joies de mes enfants et y contribuant, partageant lors de longues soirées gaies et animées notre intimité, nos espoirs, nos projets et les siens, et pourtant, tellement réticent, évasif, fuyant, dès que j'évoquais les résultats de mes propres travaux, en qui il semblait voir des concurrents illégitimes. »

L'explication se trouve peut-être dans une phrase de Breton: « *Norbert dont j'ai (...) accepté de tester sur moi-même et les miens les nouvelles moutures*[5] du DNR au fur et à mesure de ses inspirations[6]. »

Ceux qui ont travaillé avec Duffaut sont unanimes à dire qu'il ne cessait de chercher à améliorer ses produits, effectuant parfois les mélanges les plus surprenants, qu'il faisait essayer à ses proches. Les résultats n'étaient pas toujours à la hauteur de ses espérances, mais parfois les dépassaient.

C'est pourquoi, lorsqu'il sembla à Le Ribault que le DNR était d'autant plus efficace qu'il était pur, il lui fallut insister auprès de Duffaut pour avoir toujours à disposition la même molécule, afin de ne pas fausser ses expérimentations et pouvoir définir des posologies précises.

Dans le texte de Breton, en note infrapaginale, Le Ribault précise : « *on sait que Norbert Duffaut ajoutait systématiquement au D.N.R. diverses substances allopathiques et/ou homéopathiques. (...) l'utilisation répétée de solutions très diluées de silicium organique pur m'avait très clairement montré qu'elles étaient finalement plus efficaces. Cette*

5. C'est nous qui soulignons.
6. C'est nous qui soulignons.

observation allait aboutir, en 1991, à la mise au point du G5. Doté de caractères électriques beaucoup plus intenses, le nouveau produit intervient donc plus fortement au niveau des cellules déficientes ou « malades ». Cette caractéristique explique la sensation de chaleur, de froid ou de « picotements électriques » que de nombreux patients sentent diffuser dans leur corps après l'absorption de G5.

Dès lors, on peut se demander ce que l'association G5–ionocinèse contrôlée pourrait apporter...

Jacques Breton et moi-même avons donc décidé de lancer les premiers essais dès maintenant. »

En 2005, Breton et Le Ribault concluent que le G5 agit effectivement beaucoup plus rapidement que le DNR (sans doute grâce à ses caractéristiques « électriques » et au fait qu'il soit uniquement composé de silicium), confirment que l'ionocinèse peut agir seule... et que l'association des deux présente une extraordinaire efficacité.

LA COLLABORATION DUFFAUT–LE RIBAULT

Géologue de formation, Loïc Le Ribault **(Fig. 3)** est en France un des premiers utilisateurs du microscope électronique à balayage (M.E.B.). En 1970, il met au point une méthode permettant, grâce à cet appareil, de déterminer l'histoire géologique et la provenance des grains de sable, qu'il baptise « *exoscopie des quartz* » **(* 35, 36, 73 et 74)**.

Dans deux articles publiés en 1972 à l'Académie des sciences, il démontre que certains cristaux de quartz portent à leur surface une pellicule de silice amorphe soluble dans l'eau **(* 33 et 34)**.

Après étude de plusieurs milliers d'échantillons, il prouve la présence fréquente de micro-organismes (tels que bactéries et diatomées) à la surface des grains de sable **(* 80 et 82)**.

Plus tard, il démontre que l'amorphisation superficielle des quartz détritiques est due à l'action conjuguée de ces micro-organismes (par l'intermédiaire des acides organiques qu'ils sécrètent) et d'actions mécaniques et/ou chimiques diverses caractéristiques du milieu sédimentaire dans lequel ils évoluent.

Fig. 3 Loïc Le Ribault.

Afin d'étudier plus précisément le rôle des micro-organismes dans le cycle biologique et géologique du silicium, il met au point en 1975 un procédé permettant de récolter les dépôts de silice dus à leur action. Il sera démontré ultérieurement que les solutions ainsi obtenues contiennent un pourcentage important d'organosiliciés. C'est au cours de ces expériences qu'il découvre fortuitement l'efficacité thérapeutique de ces derniers.

À l'époque, en effet, Le Ribault souffre depuis dix ans d'un psoriasis considéré comme incurable qui affecte ses deux mains. Amené à extraire des sables une solution très riche en silicium organique pour l'étudier au microscope électronique, il doit malaxer celle-ci avec sa main droite. Deux jours plus tard, il constate avec surprise que le psoriasis a totalement disparu sur celle-ci, alors qu'il affecte toujours sa main gauche.

Intrigué, cherchant un lien de cause à effet, il trempe aussitôt cette dernière dans une solution identique, avec l'obtention d'un résultat aussi spectaculaire, également deux jours plus tard.

Le 29 octobre 1978, *Sud-Ouest Dimanche* consacre à Le Ribault une page entière sur l'exoscopie, intitulée « *Un univers dans un grain de sable* » **(81 bis)**. L'article est illustré de plusieurs photographies, dont une le représente travaillant au M.E.B. Le 14 novembre, un exemplaire de celle-ci lui revient, postée par un expéditeur anonyme et annotée du commentaire suivant : « *Avec votre appareil, photographiez un morceau de chair cancéreuse 100 000 fois et vous serez stupéfait du résultat, croyez-moi.* »

Ce message blesse profondément Le Ribault. Il se sent coupable d'avoir le privilège d'utiliser son luxueux matériel pour s'amuser à regarder des grains de sable, alors qu'il serait sans doute plus utile en recherche médicale.

Il entre aussitôt en contact avec des médecins auxquels il fournit des solutions de silicium organique naturel extrait de sables siliceux pour traiter des maladies de peau.

Avec surprise, les médecins constatent rapidement que les patients traités pour des affections cutanées se déclarent soulagés de leurs douleurs articulaires, ressentent un mieux-être général, et que pour ceux atteints d'affections virales les résultats des analyses de sang prouvent une guérison parfois spectaculaire.

Autrement dit, le silicium organique semble guérir une multitude d'affections...

Mais comment ?

A la fin 1981, Le Ribault crée son propre laboratoire, le C.A.R.M.E.[7], premier laboratoire du monde privé spécialisé en microscopie électronique. C'est grâce à celui-ci qu'en deux ans il rénovera la police scientifique française qui n'avait pas évolué depuis près de quarante ans.

Le 23 mars, il rencontre Norbert Duffaut au cours d'une exposition scientifique organisée à la Bourse du commerce de Bordeaux.

Le Ribault raconte ainsi leur premier contact **(* 75)** : « *Il tenait le stand du Laboratoire de Chimie Organique du Silicium et de l'Étain de l'université, et moi celui du C.A.R.M.E. (...). Nos seuls visiteurs étaient ceux qui gardaient les autres stands.*

Sur celui de Norbert, un mot m'avait frappé : ***silicium***. Sur le mien, un mot avait attiré l'attention de Norbert : **sable**.

Car le sable, comme chacun sait, est essentiellement constitué de silicium.

Nous avions donc un point commun ! »

Duffaut, de son côté, relate ainsi à la fois leur première découverte commune et sa rencontre avec Loïc Le Ribault **(* 67)** :

« (...) *une exposition eut lieu à la Bourse du commerce de Bordeaux, et peu de monde vint, car il fallait payer cinq francs.*

Je tenais, désabusé, le stand de mon laboratoire et causais avec les uns et les autres lorsque je reçus la visite du président de l'U.E.R. de chimie. Il me fit connaître le savant qui tenait le stand voisin. C'était un géologue réputé, monsieur Loïc Le Ribault, lequel avait monté à la Teste un laboratoire de microscopie électronique. Devant son intérêt

7. Centre d'Applications et de Recherches en Microscopie Électronique.

pour les problèmes de récupération du pétrole, je lui racontai mon histoire et il m'expliqua qu'il grossissait les objets trente mille fois : un millimètre atteignait la taille de la Tour Eiffel.

Quelques semaines après, il constata que le D.N.R., le plus simple des composés organosiliciés, permettait d'éliminer les argiles qui obturaient les pores des roches-magasins. En effet, les petits trous qui existent dans les roches pétrolifères, invisibles à l'œil nu, sont obstrués non par du bitume, comme on le dit communément, mais par de l'argile.

Or, jusqu'ici il n'existait aucun solvant capable de décaper ces trous. C'est ce qui explique que vingt-cinq pour cent de pétrole seulement pouvaient être ramenés à la surface, tandis que les soixante-quinze pour cent restants demeuraient à jamais perdus pour l'homme.

Quels ne furent pas notre étonnement et notre joie de constater au microscope électronique que des « carottes », plongées pendant cinq minutes dans du D.N.R. à cent degrés, voyaient leurs pores rapidement débouchés !

Des expériences effectuées au laboratoire[8] *montrèrent qu'il était possible dorénavant de récupérer non plus vingt-cinq mais quatre-vingt deux pour cent du pétrole contenu dans les roches-magasins.*

Nous décidâmes donc de prendre un brevet en France[9]*. Avec monsieur Dunoguès, nous nous adressâmes à une société pétrolière française pour des essais in situ. Se déclarant intéressés par la totalité de nos expériences, nous prodi-*

---

8. Laboratoire d'essais de la *Compagnie Française des Pétroles -Total.*
9. Brevet FR n° 2.530.651 (1982) : Duffaut Norbert Charles, Dunoguès Jacques Paul & Le Ribault Loïc – « *Utilisation de dérivés organiques pour l'élimination des argiles dans les roches et les environnements sédimentaires.* »

guant des paroles aimables, les dirigeants de cette firme ne commencèrent jamais leurs travaux. »

Les deux chercheurs avaient baptisé ce produit « DL » (pour « *Duffaut-Le Ribault* »).

Duffaut et Le Ribault décident de poursuivre ensemble leurs travaux sur les applications thérapeutiques des organo-siliciés.

Dès l'année suivante, la collaboration des deux chercheurs aboutit à la mise au point d'un produit particulièrement efficace dans le traitement des affections virales. Duffaut écrit **(* 67)** : « *Un autre type de virus contre lequel je luttai fut la kératite à virus. Je commençai dans ma propre famille. Un jour de décembre, en effet, ma mère souffrit des yeux. (...) Loïc Le Ribault, me conseilla d'ajouter au D.N.R. de l'hyposulfite de sodium. (...) Sur ses conseils, je fis donc prendre à ma mère des bains d'yeux d'une solution constituée d'un flacon d'Optrex avec deux cuilleres à soupe de D.N.R. à une concentration de un pour mille. Dans l'œillère, j'ajoutai quelques grains d'hyposulfite de sodium, appelé également thiosulfate de sodium. Je fus amené à vérifier qu'avec cette thérapeutique, les kératites à virus étaient guéries entre douze et trente-six heures.* »

C'est ainsi que naquit le « *D.N.V.* » (*Duffaut Norbert Virus*).

Enthousiaste et plein d'espoir, Duffaut envisage un brillant avenir pour les deux scientifiques **(* 67)** : « *Une autre affection virale mériterait d'être traitée par le D.N.V. : c'est le SIDA. (...)*

Avec Loïc Le Ribault, nous œuvrons à libérer l'humanité de la hantise du SIDA, et pas simplement comme quelques théoriciens actuels à promettre un vaccin dans les vingt ans qui viennent.

Nous ne savons pas encore si plus tard les noms de Loïc Le Ribault et de Norbert Duffaut seront cités avec autant de déférence que ceux de Louis Pasteur et de Fleming. Pour notre part, nous n'y voyons aucun obstacle, puisque notre découverte est équivalente à celle de nos illustres prédécesseurs.[10] »

Norbert Duffaut a une sainte horreur des paperasses et s'est toujours refusé à constituer la moindre banque de données concernant les résultats thérapeutiques obtenus avec le silicium organique.

Le Ribault, au contraire, se décrit lui-même comme un « maniaque des dossiers bien rangés ».

Il entreprend alors de demander à tous les utilisateurs de DNR des témoignages écrits. Mais si presque tous les patients acceptent volontiers, la plupart des médecins refusent, craignant les foudres de leur « Ordre ». Quelques praticiens acceptent néanmoins, et au début de 1986 Le Ribault dispose de 1075 témoignages et dossiers de guérisons, tous étayés par des analyses, des radios, des photographies, etc.

En voici quelques exemples :

---

10. Il est hélas désormais prouvé que, toute sa vie, Louis Pasteur (1822-1895) se contenta de piller les travaux d'authentiques découvreurs de son époque, et en particulier ceux d'Antoine Béchamp (1816-1908). Pour cela, Pasteur utilisa les procédés les plus ignobles. À l'époque où Norbert Duffaut écrivait ces lignes, il ne connaissait à l'évidence que la version officielle des prétendues découvertes de Pasteur.

Monsieur P.S., Bordeaux (33), septembre 1985 :

Le patient souffre d'une hépatite B.

Le 31 octobre 1984, les analyses de sang donnent les résultats suivants : Phosphatases alcalines : 511 U.I./l. (Normale : 60-170) – Transaminases SGOT : 76 U.I./l. – Transaminases SGPT : 63 U.I./l.

Le 11 novembre, le patient commence le traitement aux organo-siliciés, sous forme de compresses au niveau du foie, conservées pendant la nuit.

Le 19 novembre, les résultats sont les suivants : Phosphatases alcalines : 295 U.I./l. – Transaminases SGOT : 44 U.I./l. – Transaminases SGPT : 49 U.I./l.

Le 13 décembre, le médecin traitant écrit : « Je viens de revoir Monsieur S. Son état clinique durant ces dernières semaines s'est considérablement amélioré au point de vue général. Il a repris trois kilos, s'alimente beaucoup mieux. L'examen clinique est négatif. Le foie est à peine perceptible. Il n'y a pas de douleur abdominale à la palpation. L'ascite ne paraît pas avoir réapparu et il n'y a pas d'œdème des membres inférieurs. Le bilan biologique est également en nette amélioration. Les transaminases sont normales, les phosphatases alcalines sont à 240 unités pour une normale inférieure à 200 (...). J'aimerais revoir ce patient pour un contrôle dans un mois en espérant que la situation actuelle sera durable. »

Le 30 janvier 1985, les résultats sont les suivants : Phosphatases alcalines : 170 U.I./l. – Transaminases SGOT : 26 U.I./l. – Transaminases SGPT : 41 U.I./l.

Le 2 septembre 1985, le patient écrit à Loïc Le Ribault : « (...) Le résultat est spectaculaire ; la fatigue a disparu, malgré un rythme soutenu de travail et de déplacements ces dernières semaines. De même le sommeil est redevenu normal et sans besoins excessifs. Un simple exemple : quelques jours avant le traitement, j'avais fait une marche de 5 kilomètres qui m'avait épuisé, et dont j'avais subi le contrecoup durant trois jours. Ces derniers jours, j'ai marché plusieurs heures par jour, en visitant mes clients dans les grandes villes, sans avoir la moindre fatigue. Je retrouve mes capacités d'avant l'hépatite ».

Madame Brigitte P., 30 ans, Paris (75), 7 septembre 1984:

Le 9 août, les résultats d'une analyse de sang révèlent que la patiente souffre d'une hépatite B. En ce qui concerne les transaminases, les valeurs sont les suivantes : SGOT : 1290 U.I./l. (normale < 42) – SGPT : 2170 U.I./l. (normale < 42).

Le 16 août, la patiente commence un traitement aux organosiliciés, consistant en l'application de compresses au niveau du foie durant 5 nuits.

Le 21 août, un nouvel examen sanguin donne les résultats suivants : SGOT : 50 U.I./l. – SGPT : 210 U.I./l.

Monsieur L.E., 52 ans. Compte rendu du docteur J.M., Bordeaux (33):

« Diagnostic : Arthrose déformante tibio-tarsienne en poussée aigüe. Traitement : Compresses locales et ionisation tous les jours pendant 10 jours, puis 2 fois par semaine. Examen après traitement (au G5) : Disparition de l'œdème. Nette disparition de la douleur à la marche. Nette amélioration de la douleur et des phénomènes inflammatoires ».

Compte rendu du docteur J. J., Bordeaux (33):

« Monsieur J.R. présentait une kératite herpétique avec ulcération de la cornée, larmoiement intense et forte vasodilatation de la conjonctive, traitée sans résultat par des collyres cortisoniques. Suite à l'application de silanol, l'inflammation disparaissait en 24 heures et la cicatrisation s'est avérée être complète au bout de 7 jours. Revu 3 mois après, le malade ne présentait aucune séquelle. »

Compte rendu du docteur J. J., Bordeaux (33):

« Monsieur M.L. était atteint d'herpès génital récidivant qui intéressait le gland et le prépuce. Une série d'applications locales au niveau de la lésion a été réalisée, à raison de 3 tamponnements quotidiens à l'aide d'un coton imbibé de silanol. Après une semaine de ce traitement, on constatait la disparition de l'éruption, sans trace apparente. Au bout de 3 mois, le malade ne présentait aucune récidive. »

Compte rendu du docteur J. J., Bordeaux (33):

« Monsieur R.B. présentait un ictère d'apparition brutale. Les examens de laboratoire ont confirmé le diagnostic d'hépatite virale. Les transaminases étaient élevées : 1100.

On a appliqué au niveau du foie une compresse de coton imbibée de silanol et recouverte de plastique. Cette compresse a été maintenue 10 heures par jour. Au bout de six jours, l'ictère avait nettement régressé, et les transaminases avaient chuté à la valeur de 50.

Après 2 mois, le malade ne présentait plus aucun signe clinique ni biologique d'hépatite. »

Compte rendu du docteur J. J., Bordeaux (33):

« Monsieur E.F. présentait des crises de dyspnées nocturnes avec suffocations.

À l'aide d'un coton imbibé de silanol, 7 applications par tamponnement lui ont été faites au niveau des avant-bras, le soir au coucher. Ces applications étaient associées à des instillations nasales du produit. On a pu constater que les crises diminuaient d'intensité au bout de 4 jours et disparaissaient progressivement. Un traitement d'entretien d'une application par semaine a été poursuivi pendant 2 mois. Il a été en outre conseillé au malade, pendant cette période, de procéder au tamponnement (associé à l'instillation nasale) à la moindre gêne respiratoire, et ce à titre préventif.

Au bout de 3 mois, le malade ne présentait plus de crises et n'a pas présenté la moindre récidive depuis 8 mois. »

Forts de 1075 témoignages de ce type, Duffaut et Le Ribault décident d'organiser une conférence de presse pour présenter leurs résultats. Le 7 février 1986, le journal *Sud-Ouest* présente en avant-première une synthèse de ceux-ci sous le titre « La molécule de l'espoir », et annonce la conférence prévue à Paris le 11 février.

La conférence a bien lieu... mais dans une salle vide, pas un seul des journalistes de la presse médicale n'ayant daigné se déplacer. Par contre, l'information publiée concernant le rôle du DNR dans la restructuration des fibres d'élastine et de collagène ne tombe pas dans l'oreille de sourds : dès 1987, le silicium organique constituera (et constitue toujours, clairement ou sous forme déguisée) le principe actif essentiel de la plupart des cosmétiques antirides des grandes marques.

En novembre 1993, Norbert Duffaut est découvert mort dans son lit. L'enquête conclut au suicide par empoisonnement au cyanure de potassium. Étrangement, il n'a pas laissé de lettre pour expliquer son geste. Juste quelques mots dans la conclusion du livre dérangeant qu'il s'apprêtait à publier **(* 67)** :

« *Guérir tant de maux avec un seul produit, autrement dit avoir découvert la panacée, semblait impossible à trop de beaux esprits (...). Je n'ai pourtant ni rancœur ni esprit de vengeance et je conçois très bien que les savants ne croient pas en ma découverte, mais je m'élève contre le fait qu'ils refusent de l'expérimenter sans l'avoir essayée.* »

Resté seul, Le Ribault poursuit les travaux.

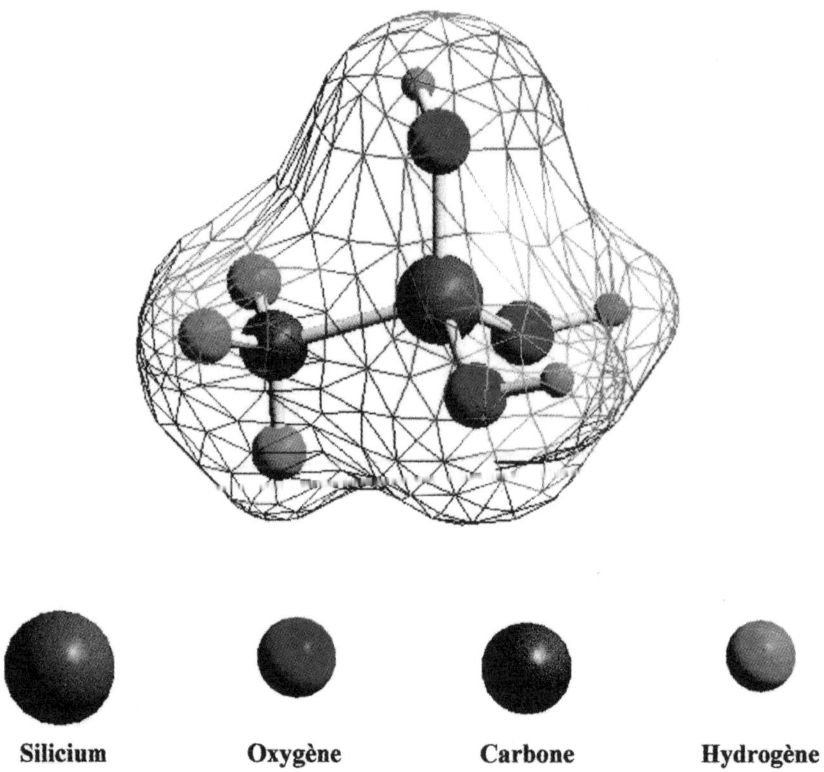

Molécule de G5 selon le professeur René TROY (24 février 2004).

Fig. 4

Le G5

Pour que le DNR soit actif, on devait lui adjoindre de faibles quantités de produits utilisés en allopathie ou homéopathie, choisis de façon spécifique selon les affections à traiter. En outre, le produit ne pouvait être utilisé que par applications cutanées (compresses, tamponnements, ionocinèse, etc). Il était aussi déconseillé aux patients allergiques aux dérivés salicylés.

Or, dès 1990, Le Ribault avait constaté que le DNR semblait être d'autant plus efficace qu'il était pur, c'est-à-dire dépourvu de tout adjuvant. Il avait aussi découvert qu'il n'atteignait son maximum d'efficacité que dans une fourchette de concentrations très basses en élément silicium, et que le pH de la solution finale devait être légèrement acide. Enfin, il avait sélectionné un stabilisant neutre et dépourvu de toute toxicité.

Les tests officiels réalisés par le professeur Jean Cahn en 1990 ayant prouvé l'efficacité thérapeutique de ce nouveau produit, Le Ribault poursuit les essais pendant quatre ans et commence à le diffuser en 1994 sous le nom de « G5 » (pour « *silicium de cinquième génération* »). **(Fig. 4)**

Celui-ci peut être utilisé sans rajout de complément médicamenteux quelconque dans le traitement de la plupart des affections. Dépourvu d'acide salicylique, il ne présente désormais plus aucune toxicité et devient donc buvable. Il peut aussi être utilisé liquide ou sous forme de gel pour des applications cutanées. Le G5 est compatible avec toute thérapie à laquelle sont éventuellement soumis les patients avant ou pendant son utilisation, et il ne provoque aucun effet secondaire, même après utilisation durant plusieurs années consécutives.

Les différents modes d'application définis par Le Ribault, qui diffèrent évidemment selon les affections, sont :

La **cure**, consistant en l'absorption de 3 à 9 (et parfois plus) cuillères à soupe de G5 liquide par jour ;

Les **compresses**, constituées d'un morceau de coton imbibé de G5 maintenu sur la surface du corps déficiente pendant une vingtaine de minutes ;

Les **compresses étanches**, identiques aux précédentes mais recouvertes d'un film plastique de type alimentaire (pour éviter l'évaporation) et maintenues sur la surface du corps à traiter pendant plusieurs heures ;

Les **tamponnements**, effectués avec un morceau de coton imbibé de G5 pendant 5 à 10 minutes ;

Les **vaporisations** de G5 liquide ;

Les applications cutanées de **G5 gel** jusqu'à pénétration du produit.

Devant les refus réitérés des autorités médicales françaises de tester officiellement le G5 dans l'année qui suit, Le Ribault décide de publier les premiers résultats obtenus grâce à celui-ci dans la presse, ce qui est fait le 8 octobre 1995 **(* 83 et 84)**. Pour faciliter la compréhension du grand public, le « G5 » était appelé « silanol » (famille à laquelle appartient le monométhyl silanetriol).

Fig. 5 J. M. Graille.

L'auteur de l'article, Jean-Michel Graille **(fig. 5)**, avait auparavant tenu à accompagner Le Ribault pendant quatre mois, afin de vérifier lui-même l'efficacité du « silanol », interroger les patients **(fig. 6)** et consulter leurs dossiers avec leur accord. Les témoignages qu'il publie le 8 octobre 1995 sont les suivants:

« Depuis juillet, intrigués par la rumeur, nous avons rencontré plusieurs dizaines de personnes qui utilisent ou ont utilisé du silanol. Voici quelques-uns des témoignages, tous vérifiés, que nous avons pu recueillir :

CORINNE, 26 ans, BOULIAC (33) : « Je m'étais fait un claquage à la cuisse et on m'avait prédit trois semaines de gêne et de douleurs. Une compresse humectée de silanol pendant une nuit a réglé le problème. Le lendemain matin, il n'y avait plus rien. Je pouvais courir et marcher. »

Fig. 6 Des patients traités au « silanol ».

JACKY, 46 ans, LA TESTE (33) : Artisan du bâtiment, ancien sportif, il souffre de vieilles douleurs aux articulations. « J'ai toujours une fiole de silanol dans ma boîte à outils. Tout récemment, je me suis brûlé le dessus de l'avant-bras sur une quinzaine de centimètres avec le fer d'un chalumeau porté au rouge. Une première application de silanol pour nettoyer la brûlure a fait disparaître instantanément la douleur. Une heure plus tard, je me suis fait une deuxième compresse. Le lendemain, il n'y avait plus aucune marque sur la peau. Je me sers aussi du silanol pour mes problèmes de douleurs articulaires, notamment aux genoux. Elles disparaissent dès la première application. »

JOCELYNE, 47 ans, LA TESTE (33) : Elle a entendu parler du silanol par ses voisins. « J'ai d'abord utilisé le silanol pour une arthrose cervicale consécutive à un accident de voiture. Les analgésiques et les anti-inflammatoires n'avaient aucun effet sur moi. Le silanol, appliqué en compresses, m'a soulagé immédiatement, et, en un mois, les douleurs ont totalement disparu. Maintenant, à chaque poussée d'arthrose, je refais une cure de silanol et c'est immédiatement efficace. En me tamponnant le front et les ailes du nez avec un coton imbibé de produit pour faire passer une poussée de sinusite (ça m'a nettement soulagée), je me suis rendu compte que les surfaces de la peau ainsi traitées devenaient plus belles. Du coup, je m'en sers quotidiennement comme démaquillant. »

DENIS, 41 ans, LA TESTE (33) : Pilote militaire récemment retraité. Fan de moto, il fait une longue balade le 15 juillet. Il est en short. Au retour, en voulant déplacer sa moto dans le garage, un faux mouvement lui fait perdre l'équilibre et il se retrouve avec le mollet droit collé contre le pot d'échappement brûlant. Le temps d'écarter sa jambe, la peau du mollet reste *collée sur la pièce métallique. Sur le mollet, une plaie profonde de deux millimètres, large de quatre centimètres sur une longueur de dix centimètres. Brûlure au troisième degré. Un voisin lui donne un fond de verre de silanol et lui conseille d'en faire une compresse. La douleur passe presque instantanément. Une croûte très mince se forme dans les heures qui suivent. Elle tombe une semaine plus tard.*

THIERRY, 31 ans, militaire dans l'Est de la France : « J'ai fait beaucoup de football et, depuis cinq ans, rien ne va plus. Les articulations des genoux coincent et craquent. Le cartilage est devenu friable et s'en va en miettes sous l'effet du frottement des rotules qui sont complètement grippées. Depuis quatre ans, les médecins me proposent de m'opérer, et de remplacer les têtes de rotules par des prothèses, en m'expliquant que, de toute façon, c'est irrémédiable.

*En vacances au camp militaire de Cazaux, j'ai retrouvé un ami qui m'a conduit chez Monsieur Le Ribault. Celui-ci m'a posé sur chaque genou une compresse imbibée de produit. Au bout, d'un moment, j'ai ressenti une sorte de chaleur qui m'envahissait les genoux. Un quart d'heure plus tard, je me suis levé. Mes genoux ne craquaient plus, ne coinçaient plus, n'étaient plus douloureux. J'ai commencé à faire des flexions, à marcher en grenouille. J'étais tellement content et soulagé que je ne pouvais plus m'arrêter ». **(Fig. 7)***

Fig. 7 Thierry.

<u>NICOLE, 46 ans, médecin dans un hôpital girondin</u>, a utilisé du silanol à deux occasions : « La première fois, c'est lorsqu'en voulant nettoyer une vilaine plaie que mon chien avait récoltée dans une bagarre, j'ai eu un coup de ciseaux maladroit. Sur le coup de la surprise et de la douleur, le chien a tourné la tête et m'a attrapé la main. Il ne m'a pas mordu, mais il m'a serré les doigts comme dans un étau. J'ai fini par récupérer ma main, mais les doigts étaient insensibles et ne répondaient plus. C'était en fin d'après-midi, et c'était catastrophique, car le lendemain je devais pratiquer une anesthésie particulièrement délicate. J'ai demandé à un confrère de se tenir prêt à me remplacer au pied levé au cas où, et je me suis entouré les doigts de compresses au silanol. J'ai été longue à m'endormir. Mais, au matin, je me suis réveillée avec les deux doigts en parfait état de fonctionnement.

Comme on m'avait dit que le produit était également efficace dans certains cas dermatologiques, je me suis frictionné la tête avec, pour voir ce que ça ferait sur le psoriasis que je trimballe dans les cheveux depuis ma petite enfance. L'effet a été rapide et radical. »

<u>MAGUY, 60 ans, de GUJAN MESTRAS (33)</u>, a utilisé le produit après s'être coincé le bras dans une porte qui se refermait. « J'ai eu ce qu'on appelle un œuf de pigeon, un gros bleu, bien gonflé, bien mûr. Je me suis fait une compresse imbibée de produit. Un quart d'heure plus tard, l'hématome était complètement résorbé ; il n'y avait plus aucune douleur. Nouvelle application une heure après, et le lendemain il n'y avait plus la moindre trace. »

<u>JEAN-PIERRE, 50 ans, de THENAC (17)</u>, est pour sa part convaincu qu'il doit la vie au silanol. « Il y a un an, je n'étais plus étanche. Je suis antiquaire, et j'avais exposé dans cent

salons en deux ans. Ce qui veut dire deux ans sur les routes, sans repos, sans hygiène de vie. À ne pas dormir normalement, à trop boire, à trop manger. Mon corps a craqué. Je me suis mis à saigner de partout. Après un effort physique important, j'ai senti que je ne pouvais plus respirer normalement et que j'avais du liquide dans un poumon. Quand j'ai craché, je me suis aperçu que c'était du sang. Loïc Le Ribault, que j'avais connu comme expert, m'avait parlé de ses recherches. J'ai bu du silanol et je me suis fait des compresses. Au bout de quatre jours, je ne saignais plus du tout. Au bout de dix jours, on pouvait considérer que j'étais guéri. »

BRUNO, 27 ans, et LAURENCE, 22 ans, deux Girondins, ont connu l'enfer de la drogue. Ils ont eu la chance de ne pas se marginaliser et, un jour, la volonté de s'en sortir et de construire une vie à deux. Depuis quatre mois, ils ne se piquent plus et reprennent goût à la vie, sans aucune aide, sinon une cure de silanol. Ils ont abandonné d'eux-mêmes, n'en ressentant plus le besoin, le traitement palliatif qui leur avait été prescrit. Et l'hépatite C, dernier cadeau de la seringue de Bruno, est en passe de disparaître. (...)

PIERRE, 45 ans, médecin généraliste : Il a commencé par tester le silanol sur lui et sa famille, il y a environ six mois. Pour des rhumatismes, pour des petites plaies, pour des migraines. « Entre ma femme, mes gosses et moi, sans oublier mes parents et ma belle-mère, j'ai eu rapidement suffisamment d'occasions d'utiliser le silanol pour me rendre compte que ses applications ouvrent un champ de recherches et d'applications aux limites inconnues qu'il faudra bien se décider à explorer.

Mais je suis persuadé que la reconnaissance d'une telle découverte ne peut que déchaîner des conflits sans fin, car trop d'intérêts sont menacés. Alors, lorsque j'estime que c'est la bonne solution pour un de mes patients, je lui en parle et lui indique comment s'en procurer s'il le souhaite... Je suis parfaitement à l'aise intellectuellement et moralement. Le dossier du silanol contient deux pièces essentielles, établies par des experts indépendants : des tests qui mettent en évidence l'efficacité thérapeutique du produit et d'autres qui prouvent sa non-toxicité. Dans ces conditions, j'estime que j'ai le droit et même le devoir d'en informer mes malades lorsque je ne peux rien faire de plus pour eux...

Que ce produit ne soit pas un médicament, qu'il ne soit pas commercialisé, qu'on ne puisse pas expliquer comment il agit, ce n'est pas mon problème. Ce qui m'intéresse, ce sont les résultats. Et ces résultats, je les constate lorsque des malades considérés comme incurables viennent me revoir pour faire le bilan après un traitement « parallèle ». Les améliorations, les guérisons que je constate, me procurent alors une satisfaction immense et j'en arrive à penser que je suis un bon médecin... De toute façon, personne ne peut me reprocher quoi que ce soit. Je parle du silanol à certains de mes patients, lorsque j'estime devoir le faire, comme si je leur parlais de jus de carottes ou d'un séjour à la montagne. Je ne fais que leur transmettre une information, et ils en font ce que bon leur semble. »

Dans les jours qui suivent, des milliers de patients abandonnés par la médecine orthodoxe affluent chez Le Ribault pour obtenir du produit, à tel point qu'il doit louer un hôtel pour les recevoir.

D'octobre à décembre 1995, aidé par plusieurs médecins, il accumule ainsi une moisson d'informations et de documents d'un intérêt scientifique considérable.

Cette expérience en grandeur réelle permettra à Le Ribault d'affiner les propriétés, les modes d'application et la posologie du G5 en fonction des principales affections **(voir « annexe 4 »)**.

Précisons que Le Ribault n'a jamais prétendu que le G5 était un médicament, mais un produit qui renforce les défenses immunitaires de l'organisme et donne à celui-ci la force de lutter contre les affections dont il est victime.

Malheureusement, Le Ribault a l'imprudence de déclarer devant les caméras de la télévision : « *Mon expérience prouve que les patients préfèrent être guéris illégalement que souffrir ou mourir dans le respect des lois.* »

Son objectif est de contraindre les autorités médicales à lancer enfin des tests officiels sur le G5.

Mais leur réaction n'est pas celle qu'il attendait : l'Ordre des médecins et celui des pharmaciens portent plainte contre lui en janvier 1996. Frédéric Laurentjoye, secrétaire général de l'Ordre des médecins de la Gironde, déclare à la télévision **(* 101)**: « *Il est absolument inadmissible que quelqu'un, fût-il ou non médecin, se livre à des expérimentations non contrôlées sur la population. C'est absolument inadmissible, nous ne pouvons pas le laisser faire !* »

Le Ribault part le 18 mars 1996 pour les Caraïbes britanniques. Le 15 juillet 1996, il obtient les agréments officiels autorisant l'utilisation du G5 en tant que médicament à Antigua. Le lancement du G5 dans l'île est annoncé dans la presse. Par souci d'objectivité, la rédaction du journal local (*The Daily Observer*) a pris la précaution de vérifier l'efficacité du produit.

La journaliste écrit le 21 août 1996 : « *Nous décidâmes de réaliser nos propres tests, et demandâmes à un de nos employés d'aller consulter le Dr Le Ribault à propos d'un problème cutané extrêmement pénible dont il souffre depuis des années : parfois, sa peau se met à peler par grandes plaques, laissant les parties ainsi atteintes à vif et accessibles à des infections potentielles. Le jour où notre employé rencontra le Dr Le Ribault, ses doigts étaient dans cet état, et il lui était impossible de toucher les parties affectées. Le Dr Le Ribault appliqua du silanol sous forme liquide à ces endroits ; en moins de dix minutes, notre homme pouvait toucher ses doigts et était stupéfait du résultat. Le Dr Le Ribault lui demanda de continuer le traitement pendant un mois, à l'issue duquel il souhaitait revoir le patient pour constater les résultats obtenus. Aujourd'hui, une semaine plus tard, le seul regret de notre employé, qui se rétablit après de nombreuses années de souffrances, est qu'il est « impatient d'être totalement guéri et qu'il regrette que le silanol n'agisse pas plus vite ». Nous avons parlé également à des personnes qui séjournent dans le même hôtel que le Dr Le Ribault, et ont expérimenté l'extraordinaire efficacité du silanol. Certains affirment avoir été guéris de douloureux coups de soleil en quelques heures à peine, et l'une d'entre elles parle d'une profonde coupure à un doigt, qui fut presque complètement cicatrisée après application d'une compresse de silanol sur la blessure durant seulement un jour. (...) ».*

Neuf mois plus tard, Le Ribault revient en France pour essayer une nouvelle fois d'y obtenir les agréments officiels pour le G5. Mais il est arrêté et immédiatement incarcéré le 12 décembre 1996, en dépit du fait que pas une seule plainte de client n'ait été déposée contre lui.

Il est libéré le 14 février 1997 par décision de la Chambre d'Accusation, contre l'avis du juge d'instruction qui persiste à vouloir le maintenir en détention.

Le 8 avril 1997, la police revient pour l'arrêter de nouveau, et il n'a que le temps de s'enfuir de France pour se réfugier en

Belgique, puis en Grande-Bretagne et enfin dans l'île de Jersey.

Et là encore le G5 fait des merveilles :

Docteur John MANSFIELD, directeur de la Burgh Wood Clinic de Londres : « Au début, j'ai administré du G5 pour des problèmes musculaires et de ligaments. J'ai obtenu immédiatement des résultats spectaculaires, y compris sur moi-même. Sur tous les patients traités au G5, nous n'avons jamais décelé d'effets secondaires, ni d'incompatibilité avec d'autres traitements. » **(* 101)**

Georges LANGLOIS (Jersey) : « L'hiver venu, j'ai commencé à avoir de l'arthrite dans les coudes, j'ai appliqué du G5 et mes douleurs ont disparu. Après avoir appliqué du G5, je l'essuyais sur mes mains. Deux ans auparavant, j'avais eu une opération, car je n'arrivais pas à ouvrir ces deux doigts-là (il montre sa main droite). Regardez, comme celui-ci (il montre sa main gauche), pour lequel ils allaient faire une nouvelle opération. Avant, je ne pouvais pas le bouger, maintenant je n'ai plus besoin d'opération. » **(*101)**

Fig. 8 Frank Amy.

Frank AMY, Connétable de Grouville (Jersey), maire et chef de la police **(fig. 8)** : *«J'ai pris un anti-douleurs pendant 18 ans, et j'ai pensé que je serais un bon cobaye pour qu'il expérimente son produit sur moi. Après avoir pris du G5 pendant 5 jours, mes douleurs de dos ont diminué, car avant ça, j'avais beaucoup de mal à* *me lever le matin, j'avais le dos bloqué ; au bout de 5 jours, j'ai pu me lever du lit sans problème. Trois mois plus tard, j'étais guéri. Je n'ai pris ni G5, ni anti-douleurs depuis 3 ans. »* **(* 101)**

Fig. 9 Maria de Jesus.

<u>Maria DE JESUS</u> **(fig. 9)**, 33 ans, sportive de haut niveau, s'était inscrite pour courir dans le fameux Marathon des Sables, considéré comme l'épreuve pédestre la plus dure du monde : 220 kilomètres à pied dans le désert en plein jour, avec des températures dépassant parfois les 50 °C, et en portant un sac à dos pesant 15 kg contenant tout le nécessaire pour la durée de la course, soit une semaine.

Un mois avant le départ de la course (prévu le 29 mars 1998), Maria fait une chute grave, entraînant une importante foulure de la cheville, du genou et une luxation de la hanche. L'hôpital l'informe le 28 février qu'elle ne sera pas en état de marcher normalement avant la mi-mai, et qu'elle doit annuler sa participation. Deux jours plus tard, informée par des amis portugais de l'existence du G5, elle rend visite à Le Ribault dans l'hôtel où il réside, marchant très difficilement avec des béquilles. Il est 20 h 45, et il lui applique aussitôt des cataplasmes sur les articulations douloureuses. A 21 h, elle est en état de marcher normalement. Le lendemain, elle recommence l'entraînement.

Le 29 mars, dans le Sahara marocain, 500 concurrents (dont 41 femmes) représentant 30 pays sont sur la ligne de départ. Parmi eux, il y a Maria. À titre de remerciement, elle porte sur son T-Shirt, sa casquette, son short et son sac à dos des bandes de couleur orangée à la gloire du G5, « The Unknown Method to Fast Recovery ».

Maria accomplira la course en 37 heures 3 minutes et 35 secondes, et finira en 227ème position au classement général (première des femmes britanniques). **(* 104)**

Fig. 10 Paul Leverdier.

Extrait de l'ouvrage de Martin Walker « Le Ribault's Resistance » **(* 80)** :

« Paul Leverdier **(Fig. 10)** est un thérapeute de 40 ans travaillant à la piscine de l'Hôpital Général de Jersey. Un athlète de triathlon, avare de paroles, qui traite ses patients par des exercices dans l'eau. Au début de cette année, il souffrait d'une tendinite chronique du talon d'Achille, douleur durable et handicapante causée par le surentraînement.

La tendinite de Laverdier durait depuis six mois et affectait considérablement tout ce qui concernait la partie course et cyclisme de ses épreuves de triathlon. Un collègue kinésithérapeute de l'hôpital avait essayé de soigner la tendinite à l'aide d'ultra-sons et de frictions (massages du tendon). Au bout de six mois, le problème durait depuis si longtemps que Leverdier commençait à envisager à contrecœur de devoir prendre un long repos.

En février, après avoir rencontré Le Ribault, Leverdier appliqua un tissu imbibé de G5 à l'arrière du tendon et laissa celui-ci toute la nuit. Auparavant, quand il commençait à courir et à prendre de la vitesse, la douleur était telle qu'il boîtait. Le matin suivant la première application, la douleur avait disparu et le tendon débarrassé des épaisses sérosités qui l'encombraient auparavant. Il continua le traitement pendant deux nuits, soignant cette fois les deux tendons. Maintenant, cinq mois après le *traitement, Leverdier semble être complètement guéri de sa tendinite et effectue au triathlon un temps dont il aurait été fier cinq ans plus tôt.*

Leverdier n'a pas encore parlé à ses collègues de travail de son auto-médication, car il serait, dit-il, embarrassé par leur scepticisme ». **(* 80)**

Menacé de nouveau, Le Ribault doit quitter Jersey pour se réfugier en Irlande, où il ouvre en septembre 1999 une structure (*LLR– G5 Ltd*) qui diffuse le G5 dans le monde entier.

En créant celle-ci, dont il est co-directeur et qui agit en son nom, Le Ribault, une fois de plus, a pris un risque considérable, et le 23 août 2003 un mandat d'arrêt international est lancé contre lui.

Il quitte l'Irlande pour se réfugier en Suisse, où il est arrêté le 21 novembre 2003, incarcéré à l'isolement et extradé en France pour y être jugé le 5 février 2004. À l'issue d'un procès digne des pires dictatures, il est condamné à six mois de prison ferme (déjà effectués...) et six avec sursis.

Il est libéré le 24 février 2004, se sépare de sa société irlandaise et s'installe en Suisse.

Il travaille actuellement à la création d'un laboratoire de microanalyse pour poursuivre ses recherches en biologie, géologie et criminalistique.

À l'intention de médecins désireux d'en savoir plus sur le silicium organique pour le prescrire (comme ils en ont le droit[11]), il organise régulièrement des stages d'information sur ce produit.

---

11. Voir déclaration de Maître Philippe Autrive dans la conclusion de cet ouvrage.

Efficacité thérapeutique du SILICIUM Organique

Quelques preuves scientifiques

Les preuves scientifiques officielles de l'efficacité thérapeutique du silicium organique sont trop nombreuses pour être toutes résumées dans cet ouvrage. Le lecteur désireux d'en savoir plus pourra consulter les publications citées dans la bibiographie figurant à la fin de celui-ci.

La liste qui suit indique simplement les dates des évènements les plus marquants (publications scientifiques, attributions d'A.M.M., etc.) qui, depuis 1960, prouvent l'efficacité du silicium organique dans le traitement des pathologies les plus diverses.

1960-1967 : dès 1960, le docteur Rager expérimente le DNR fourni par Duffaut sur les maladies cardio-vasculaires. Les résultats obtenus sont tels qu'en 1967 l'Académie de médecine lui attribue le *Prix J. Levy-Bricker* pour récompenser ses travaux sur l'utilisation des organosiliciés en thérapeutique humaine.**(* 48)**

1967-1970 : Gendre (* **22 à 24)** prouve que les lapins non traités au silicium organique présentent une importante détérioration de leurs artères (lésions athéromateuses), tandis que les artères des animaux traités au silicium organique sont non seulement exemptes de lésions, mais montrent un développement considérable des fibres collagènes.

1971 : Le *Dulciphak®* obtient l'Autorisation de Mise sur le Marché médicale n° 311.786.6. Le produit est prescrit comme collyre en ophtalmologie. C'est du méthylsilanetriol associé à de l'acide parahydroxycinnamique.

1972 : Carlisle (* **10 à 14)** constate qu'un régime appauvri en silicium entraîne un retard de croissance des poussins et une fragilité de leur tissu osseux.

1972 : Schwartz (* **52 et 53)** démontre l'action activatrice du silicium organique sur la croissance des jeunes rats

1973 : Le *Conjonctyl®* obtient l'Autorisation de Mise sur le Marché médicale n° 314.070.1. C'est du méthylsilanetriol associé à de l'acide salicylique. Il peut être prescrit pour le traitement des mastoses et appliqué en injections intraveineuses ou intramusculaires. Le produit est déconseillé pour les malades sensibles aux salicylés. La production de *Conjonctyl®* sera arrêtée en 1996.

1976 : Plagès & Duffaut (* **46)** publient les résultats obtenus en odonto-stomatologie avec les dérivés organosiliciés. Ils concluent : « *Cinq années d'expérimentation et d'essais comparatifs nous ont apporté la conviction que les composés organosiliciés étaient d'une efficacité constante dans les troubles du parodonte, des épulis, et qu'ils permettaient de faciliter considérablement les interventions de* *chirurgie buccale et extractions dentaires à la fois en potentialisant les anesthésies et en évitant les alvéolites et autres complications inflammatoires postopératoires.* »

1977 : Lévrier & *al.* **(* 39)** prouvent que le monométhyl silanetriol est actif dans le traitement des mastopathies polykystiques et douloureuses (mastoses). Ils ont traité 347 cas : 130 par voie intraveineuse, 42 par voie intramusculaire, 100 *per os* et 75 par application locale de compresses.

1978 : Eisinger & *al.* (service de Rhumatologie et d'Exploration phosphocalcique du Centre Hospitalier de Toulon) **(* 20)** démontrent que le monométhylsilanetriol a « *un effet bénéfique sur la réactivité immunitaire, se traduisant par une augmentation significative des lymphocytes circulants, par l'augmentation de la production des anticorps et par une modulation de la réponse immunitaire cellulaire.* » Autrement dit, que le produit renforce les défenses immunitaires de l'organisme. Les auteurs notent « *la parfaite tolérance de ce médicament. Aucune manifestation digestive, cutanée, articulaire, rénale, hépatique n'a été observée.* »

1979 : Loeper **(* 40)** pratique des dosages de silicium dans différents tissus du rat, du lapin et de l'homme. Il en conclut que les organes riches en tissu conjonctif et élastique sont ceux qui contiennent le plus de silicium. Surtout, il constate :

- que la teneur en silicium organique diminue avec l'âge, et ce à partir de l'âge de dix ans ;
- que les hommes ont en général un taux de silicium plus élevé que les femmes ;
- que l'atteinte athéromateuse est toujours liée à une diminution très nette de la teneur en silicium de l'aorte.

1988 : Henrotte & *al.* **(* 28)** démontrent qu'un complexe de monométhyl silane triol et de sérine (acide aminé) a un rôle régulateur dans la mitose. Autrement dit, que le produit a une application possible dans le traitement du cancer.

1990 : Loïc Le Ribault fait effectuer des tests officiels d'efficacité thérapeutique du G5 (« *Declaration under 37 CFR §1, 132* »). Ceux-ci sont réalisés par le professeur Jean CAHN (voir note infrapaginale n° 11).

110 patients ont été traités. Le traitement a consisté à appliquer le G5 directement sur la surface douloureuse ou déficiente, en tamponnant celle-ci à l'aide d'un coton imbibé de produit.

Le pourcentage d'activité prouvé a été de 85 % pour l'asthme, de 75 % pour des allergies diverses et de 80 % pour l'herpès.

1996 : Le 15 juillet 1996, le G5 obtient l'A.M.M. pour usage thérapeutique dans le Commonwealth (autorisation signée par le Premier ministre Lester B. Bird).

2000 : Betti & Suffritti **(* 4)** écrivent que « *des résultats prometteurs sur l'usage thérapeutique du silicium administré oralement pour améliorer à la fois la croissance osseuse et la densité du cartilage démontrent son utilité non seulement pour la prévention et le traitement de l'ostéoporose, mais aussi en stomatologie, puisqu'il a été prouvé que le silicium pouvait prévenir ou guérir des pathologies au niveau des tissus osseux et améliorer leur minéralisation.* »

2005 : Une étude effectuée à Toulouse par Gillette-Guyonnet & al. **(* 25)** établit que les personnes ingérant le plus de silice dans leur eau de boisson courent un risque plus faible d'être atteintes par la maladie d'Alzheimer : par rapport aux personnes ingérant quotidiennement 4 milligrammes (ou moins) de silice, celles qui en absorbent plus de 12 milligrammes ont un risque divisé par 2,74.

Mais alors, au vu de telles évidences scientifiques, qu'attendent donc les autorités médicales françaises pour lancer aux frais de l'État des tests officiels sur l'efficacité thérapeutique du silicium organique ?

La réponse à cette question est à la fois simple, incroyable et révoltante : il est hors de question de mettre sur le marché une molécule à usage thérapeutique simple, peu coûteuse et réellement efficace.

À cet égard, les témoignages des « Trois Mousquetaires » sont édifiants...

SAVANTS ET MANDARINS

Duffaut, Breton et Le Ribault se sont souvent trouvés confrontés aux « mandarins » de la médecine, auprès desquels ils recherchent un appui pour que leurs découvertes soient officiellement reconnues et appliquées. Aucun des trois ne recherche d'argent : ils ne souhaitent que soigner leur prochain, mais pour cela doivent obtenir la bénédiction officielle des pontes en place.

Il faut bien comprendre que ces chercheurs ne sont pas des charlatans : tous trois sont des scientifiques réputés, internationalement reconnus, et les dossiers qu'ils présentent, étayés de multiples preuves, représentent des années de travail acharné.

Or ils ne rencontreront qu'indifférence, mépris ou hostilité de la part de ceux qui, pourtant, sont théoriquement responsables de la santé publique.

Au point qu'après lecture des témoignages qui suivent, les Français seraient en droit de se demander si le « ministère de la Santé » ne devrait pas changer de nom au profit de celui de « ministère de la Maladie »...

Ces témoignages illustrent cruellement le terrible avertissement lancé par Lakhovsky : « *Embrassez toute carrière qu'il vous plaira, celle de fonctionnaire, de balayeur des rues ou de garçon de café : toutes sont bonnes. Mais ne choisissez pas la carrière scientifique. Car si vous n'avez pas une constitution physique herculéenne, vous sombrerez dans la lutte, et votre écrasement sera d'autant plus fort que vous aurez fait une découverte remarquable. (...)*

Il faut épouser la science comme on entre en religion, c'est-à-dire renoncer d'avance à la vie, au mariage, à la famille, de manière que l'on puisse rester seul à subir le martyre auquel on s'expose. »

Et le lecteur ne pourra que partager la révolte de Duffaut : « *Je conçois très bien que des savants ne croient pas en ma découverte, mais je m'élève contre le fait qu'ils refusent de l'expérimenter et la condamnent sans l'avoir essayée.* »

Témoignage de Norbert DUFFAUT (* 67)

« *Après une série de démarches négatives dans de petits centres anticancéreux, (...) j'essayai d'intéresser les chercheurs d'un centre parisien beaucoup plus important.*

Là, tout était impressionnant. Dans les couloirs, la salle des pas-perdus, le nombre des malades semblait considérable. Certains, vraisemblablement arrivés depuis peu, étaient en assez bon état. D'autres, à cause de leur état général ou de leurs mutilations, faisaient pitié. (...)

Ceci se passait vers 1964.

N'ayant pas pris rendez-vous, il me fut très difficile d'obtenir un entretien avec le directeur des recherches. Dans un long couloir, je pus finalement l'aborder et lui exposer l'objet de mes démarches. Se disant intéressé par mes propos, il me mit immédiatement entre les mains de son adjoint.

Celui-ci m'écouta poliment, puisqu'il exécutait les ordres de son chef.

Je lui montrai les premiers tirés à part concernant l'utilisation du D.N.R. dans le traitement du cancer.

Parmi les malades ayant bénéficié du produit figurait Roland Dorgelès, président de l'Académie Goncourt. Mon interlocuteur, qui le connaissait, fut ému d'apprendre que le D.N.R. avait guéri un homme aussi éminent. Il s'intéressa vaguement à la formule en fredonnant un air à la mode et partit occulter à tout jamais le flacon de D.N.R. dans un placard.

Au moment où il revenait, je lui demandai si l'expérimentation allait vraiment être entreprise ; il opina du chef et me conseilla de repasser dans deux ou trois mois.

Comme convenu, je revins trois mois après. Je revis le réceptionnaire du D.N.R. On ne put me donner de nouvelles de la pseudo-expérimentation. En effet, celui qui était censé l'effectuer avait les oreillons. (...) »

« *(...) le grand responsable français qui m'avait éconduit expliqua paisiblement à un journaliste qui l'interrogeait que tout était satisfaisant pour la guérison du cancer. Il est vrai qu'il s'agissait de celui du rein chez le nourrisson. Comme le journaliste s'élevait contre son optimisme et alléguait les déclarations américaines au sujet du cancer du poumon, il répondit sans sourire :* " Ils fument trop ! " »

« *Au cours de mes démarches parisiennes, je ne manquai pas de proposer d'expérimenter le D.N.R. contre la leucémie, maladie voisine du cancer. Un grand patron faisait état, tous les ans, des progrès étonnants réalisés dans cette lutte par ses services. Je pensais que ma découverte pouvait être utile pour potentialiser ces progrès récents.*

Sans avertissement préalable, je me présentai dans ses services. Renseignements pris, j'eus l'assurance que le patron était parmi ses malades. Me voyant arriver, il s'esquiva avec agilité dans un immense laboratoire. Finalement, la Providence me favorisa puisqu'elle me permit de le coincer un instant entre deux échelles chargées de pots de peinture. Poliment, je lui exposai l'objet de mes démarches. Je lui précisai que j'étais chimiste, et il me répondit :

– Vous êtes chimiste, moi pas ! Voici mon chimiste. Il est beaucoup plus compétent que moi. Merci. Au revoir !

Je vous laisse imaginer ce que put être cet entretien et les suites qu'il put avoir. »

« *(...) certains de mes confrères me dirent que je n'avais pas la manière, que la psychologie n'était pas mon fort et que j'étais moi-même le pire ennemi du D.N.R.*

Au printemps de l'année 1980, ils se résolurent à aller voir leurs homologues cardiologues. Mais leurs entrevues se soldèrent comme les miennes par des échecs et des catastrophes. À chaque fois, quatre spécialistes de la cardiologie refusèrent toute expérimentation sur un tel sujet tabou, pour lequel les Russes et les Américains n'avaient pas trouvé de solution. »

« *Vers 1961, (...) je décidai d'aller proposer mon produit au service de cardiologie bordelais. (...) Le patron tint compte de mes suggestions et me dit néanmoins que la prudence la plus élémentaire voulait qu'avant de l'utiliser sur le coeur, on l'employât sur des périarthrites scapulo-humérales, puisque mon D.N.R. n'était connu de personne ni agréé par aucun organisme.*

Le chef de clinique fut donc chargé d'essayer le D.N.R. dans le traitement de celles-ci, fréquentes chez les malades frappés d'infarctus du myocarde. Cette proposition me parut honnête. Il faut préciser que l'agrégé de l'époque était absent de ce premier entretien.

Lorsque je revins un mois après, tout le service était joyeux et détendu. Les espérances les plus optimistes étaient largement dépassées. Le chef de clinique avait expérimenté le D.N.R. par ionisation ; c'était le triomphe. Les périarthrites scapulo-humérales étaient terrassées. Je reçus les félicitations chaleureuses du grand patron. Je le remerciai poliment, avec déférence même, mais j'enchaînai aussitôt :

– Peut– on commencer à traiter les vrais cardiaques, ceux qui sont atteints d'infarctus du myocarde ?

– Oui, monsieur !

Au cours de cette entrevue, l'agrégé de service se trouvait parmi nos interlocuteurs. C'était un cardiologue dynamique, peu sympathique au demeurant. (...) Ce frétillant agrégé voyait donc d'un très mauvais œil arriver dans le service de cardiologie un découvreur susceptible de lui porter ombrage. Dès la première fois, il m'adressa quelques paroles désagréables, sans plus. Par la suite, bien que présent lors de mes entrevues avec le grand patron, il ne m'adressa plus la parole. Bien que les discussions fussent souvent animées, il n'intervint jamais. Pour se donner une contenance, il faisait semblant de feuilleter un illustré quelconque, mais dès que j'avais quitté la salle, il disait au chef de clinique :

– Si tu veux du galon, si tu veux devenir agrégé, laisse tomber !

Et le chef de clinique, qui me connaissait bien, qui m'aimait bien, disait néanmoins :

– Oui, chef !

Chaque fois que je demandais où en était l'expérience, le grand patron répondait laconiquement :

– Nous allons bientôt la commencer !

Il ajoutait aussitôt :

– Monsieur le chef de clinique, commencez cette semaine!

– Oui, oui, monsieur, répondait l'autre.

Et l'attente continuait... Et les mois passaient...

Un jour, le grand patron, drapé dans sa cape bleu marine, entouré servilement de tout son service, me dit, sans doute pour changer son comportement habituel :

– Le D.N.R., je n'y crois pas !

Je lui répondis séchement :

– Les guerres de religion et de croyances n'ont rien à voir avec les sciences expérimentales. Dans celles-ci, il faut commencer par expérimenter. Les explications, l'hygiène de l'esprit, les supputations dubitatives ne viennent que par la suite !

Le grand patron fut très étonné de mes propos et de mon attitude ; son entourage fut également surpris de voir la surprise du grand patron. Ils n'avaient entendu personne lui tenir de tels propos, ni sur un tel ton. Ils craignaient une réaction vive de sa part à mon égard. Le cercle des gens du service se distendit ; ils avaient peur d'un incident violent.

Finalement, le front du grand homme se rasséréna, il esquissa un sourire:

– Vous avez raison. Il va falloir essayer ! dit-il finalement.

L'atmosphère se réchauffa ; Le cercle de ses collaborateurs se resserra autour de lui. L'agrégé, lui, n'avait pas ouvert la bouche.

Pourtant, l'expérimentation du D.N.R. ne devait jamais commencer dans ce service. En effet, l'agrégé avait fini par prendre la place du grand patron... (...) »

« Dans le cas du cardiologue régional cité plus haut, je pense qu'il connaissait trop les possibilités du D.N.R. Il *s'était en effet amusé à guérir une cinquantaine de périarthrites scapulo-humérales en quelques jours avec mon produit dans un stade préliminaire. Mais il avait peur que le chimiste régional lui portât ombrage et que le cardiologue n'arrivât qu'en second.* »

« Je pris donc rendez-vous avec Jacques Janet chez un « grand » patron bordelais « spécialiste » des maladies pulmonaires. Il nous reçut, trônant au milieu d'un nombre incalculable de dossiers. Il convint avec nous que beaucoup de travaux restaient encore à faire pour lutter contre la tuberculose. Mais, sa responsabilité étant mise en cause, il nous déclara qu'il ne pouvait entreprendre aucune recherche avec un médicament nouveau, même par application locale. Il nous assura néanmoins de tout son appui moral, disant qu'il ferait tout pour nous aider à expérimenter le D.N.R. Tout ceci sans sourire ni sourciller.

Alors que, pour clôre ce tour d'horizon sans laisser dans l'ombre le moindre détail, je lui demandai ce qu'il comptait réellement faire pour nous aider, il répondit : « Je vous fournirai le bacille de Koch, si vous le désirez. »

Nous ne sommes jamais revenus salir le paillasson de ce pseudo-Laënnec. »

Chefs d'État et Prix Nobel

« *J'ai présenté ma découverte à divers ministres et présidents tant français qu'étrangers et mes démarches ont été nombreuses. Certains ne me répondirent pas, mais d'autres le firent et d'une manière fort courtoise. Ce fut le cas des présidents d'outre-Atlantique. Mais, en toutes circonstances, je ne reçus que des fins de non-recevoir.* »

« Un prix Nobel de chimie avec qui j'eus l'avantage de passer quelques jours dans la région bordelaise fut plus aimable. (...) Souvent, nous causions des composés organo-siliciés et de leurs applications en médecine, chimie et physique. Quelquefois, il me disait en souriant : " Vous êtes jaloux de mon prix Nobel ! " Je me défendais de mon mieux et je lui répondais que mes découvertes dans ces différents domaines méritaient plusieurs prix Nobel, pas forcément la même année. Celui qui me paraissait le plus important à cette époque était celui de médecine. Je lui demandai donc aide et assistance. Avec une rare spontanéité et de la rapidité, il me mit en relation avec de très importants laboratoires pharmaceutiques anglais et américains.

Le premier me répondit qu'il devait y avoir méprise de ma part au sujet du D.N.R., car aucune découverte de cette importance n'avait eu lieu dans l'empire britannique jusqu'à ce jour...

Quant au laboratoire américain, il m'adressa ses chaleureuses félicitations. Mais il me fit remarquer que, vu la législation en vigueur dans son pays, des travaux sur une molécule aussi originale que le D.N.R. ne pouvaient être entrepris par un seul laboratoire. Il me souhaitait donc bonne chance et était navré de ne pouvoir m'accorder son concours.

Les résultats furent donc nuls, mais ce savant anglais, prix Nobel de chimie, m'avait fait confiance et avait même entrepris des démarches en ma faveur.

Quant aux prix Nobel français de médecine, le moins qu'on puisse dire est que leur attitude fut plus que réservée.

Ayant eu l'avantage de pouvoir vaincre aisément la myxomatose, j'avais demandé l'assistance de l'un d'entre eux qui dirigeait un grand institut spécialisé dans la lutte contre les virus. Un de ses collaborateurs prétendit reprendre mes travaux, fit traîner les choses et finalement déclara ne pas juger souhaitable de poursuivre les travaux sur les virus avec le D.N.R.

Un second lauréat, qui s'intéressait à la lutte contre le cancer, ne m'adressa aucun accusé de réception. Par la suite, les Français apprirent qu'il peignait des tableaux au profit des enfants des cancéreux nécessiteux. Le D.N.R. dut donc attendre des jours meilleurs.

Un troisième, qui travaillait sur les hormones, ne jugea pas nécessaire d'associer le D.N.R. à ses activités. Néanmoins, il m'accusa réception de ma lettre et m'adressa ses compliments. »

Témoignage de Jacques BRETON (* 63)

« Fort des résultats enregistrés auprès d'un nombre significatif de malades, je décide avec Rager, à l'automne 1962, de demander la publication de ce premier travail aux Comptes Rendus de l'Académie des Sciences, à Paris, sous nos deux noms ainsi qu'il se doit.

En accord avec Rager, le dossier de publication est rédigé et expédié par mes soins et la note doit être présentée par Monsieur Courrier, Secrétaire perpétuel, au voisinage du 10 Janvier 1963 : elle s'intitule "Processus nouveau d'interactions énergétiques au niveau de la membrane cellulaire : applications aux maladies du système cardio-vasculaire : premiers résultats expérimentaux". *Le néologisme "ionocinèse contrôlée" figure par ailleurs dans le texte pour définir précisément la nature du processus physique en cause.*

Las ! Je recevrai quelque temps plus tard une lettre embarrassée du Secrétaire perpétuel m'informant que "la nature du travail que nous rapportions ne permettait pas sa publication dans le cadre des Comptes Rendus" *etc., etc. C'est la première des fins de non-recevoir, que beaucoup d'autres vont suivre. (...) Le refus de l'Académie des sciences constitue évidemment un sérieux contretemps pour la possible diffusion de la nouvelle thérapeutique. Pour autant, cela ne nous empêchera pas de poursuivre le travail entrepris.* »

« *Dans le même temps, Rager s'est mis en relation avec le professeur Lian, éminent cardiologue de la Faculté de médecine de Paris, membre de l'Académie Nationale de Médecine, à qui il a fait part de notre travail commun. Très intéressé, le professeur Lian nous propose alors de participer aux* Assises Internationales de la Recherche et de l'Invention, *devant se tenir à Turin du 28 au 30 septembre 1963. Nous acceptons évidemment avec reconnaissance ce qui pourrait devenir une première accréditation auprès de la communauté scientifique, et nous présentons notre travail.*

À notre surprise, très peu de médecins assistent aux deux exposés, et c'est devant un public intéressé mais clairsemé que nous allons parler. Une fois encore, nous nous heurtons à l'incrédulité, parfois à une franche hostilité, des quelques médecins présents à la conférence. L'un d'eux aura cette conclusion, hélas prémonitoire : « on a de bons médicaments ; alors votre « truc » ne durera pas longtemps et très vite on n'en entendra plus parler »... »

« *je pense (...) que le moment est venu de procéder à une expérimentation « officielle » en milieu hospitalier, dont j'ai évidemment tout lieu d'estimer qu'elle confirmera totalement les observations de Rager et des deux jeunes cardiologues charentais. Je prends alors contact, en fin d'automne 1964, avec « le » grand patron de la cardiologie bordelaise de l'époque, et sur son assentiment, le 13 janvier 1965 j'apporte un appareil et son équipement, qui sont confiés à un médecin de l'équipe.*

Plusieurs semaines passent, sans nouvelle. Je me rends alors un soir auprès du grand patron, suis très mal reçu, et repars avec la prière de me mêler de mes affaires, n'étant ni médecin ni moins encore cardiologue. Je recevrai deux jours plus tard une lettre agressive, carrément désobligeante, qui me mettra en demeure de ne participer d'aucune manière à l'expérimentation sous peine d'abandon immédiat, me notifiant seulement que, le cas échéant, je serai informé le moment venu.

Un mois et demi plus tard en effet, je rencontre le grand patron, l'air à la fois profondément ennuyé et quelque peu goguenard, qui m'annonce au vu de quelques feuillets, que je ne puis d'ailleurs consulter, que les résultats sont absolument nuls, aucun effet même léger n'ayant pu être mis en évidence. Je ne crois pas utile d'ouvrir une discussion.

Je reprends l'appareil et quitte le grand patron que je ne reverrai d'ailleurs jamais.

C'est bien des années plus tard que j'aurai l'explication de « l'échec » et le témoignage de l'ignominie du grand patron : un excellent ami médecin, ancien condisciple de mes jeunes années au labo de biochimie de la faculté de médecine, devenu lui-même brillant professeur de cette faculté, avait entendu raconter par un proche collaborateur du grand patron, lors d'une réunion, l'histoire de l'expérience que j'avais proposée et qui avait été « acceptée ». Le collègue s'était bruyamment gaussé de « ce pauvre professeur Breton qui s'imaginait qu'on allait perdre son temps à essayer son truc sur des malades » ! Le « truc » avait été simplement mis dans un placard et le grand patron avait rédigé (ou fait rédiger ?) le vague compte-rendu parfaitement falsifié d'une expérimentation inexistante ! Ayant eu lui-même à connaître et subir certaines turpitudes du milieu, mon ami avait décidé de m'informer dès qu'il en aurait l'occasion, m'apportant en la circonstance les preuves irrécusables de la forfaiture du *grand patron, dont la carrière n'a évidemment pas souffert de cet incident mineur, mais dont les malades ont continué à souffrir et mourir en toute orthodoxie... »*

« Nous verrons d'ailleurs comment le grand patron fut même un brillant récidiviste dans le même registre, réussissant à associer bassesse et médiocrité à une malhonnêteté exemplaire.

(...) la réputation du jeune cardiologue[12] *dépasse vite les limites de Cognac et il voit affluer des patients dont certains proviennent... du service de cardiologie du grand patron qui ne peut plus grand-chose pour eux. Ils ne se privent pas de rappeler que c'est uniquement par le « bouche à oreille » qu'ils ont appris l'existence de cette technique et ses résultats, et que « l'on » a fortement tenté de les dissuader d'avoir recours à des méthodes illicites, sans efficacité, voire dangereuses ! Et comme l'on pouvait l'attendre, l'affaire revient un jour aux oreilles du grand patron. Le jeune cardiologue est convoqué et mis en demeure de cesser immédiatement l'utilisation de l'ionocinèse sous peine de sanctions graves. Il cède donc à l'injonction, et me renvoie l'appareil quelque temps plus tard.*

Bien entendu, ses malades recommenceront à souffrir et mourir avec une régularité orthodoxe, sans provoquer le moindre état d'âme dans la cardiologie bordelaise.

Presque simultanément au cardiologue de Cognac, le confrère d'Angoulême qui avait fait acquisition d'un appareil, et bien entendu obtenu les mêmes résultats, a dû en cesser l'utilisation pour les mêmes raisons. »

« Le docteur Clauzel étant un grand obstiné, il suscitera cependant pour l'automne 1987 la tenue d'une conférence

12. Qui utilisait l'ionocinèse.

destinée au corps médical et aux personnes intéressées, qui se tiendra à Béziers le 4 décembre, conférence que j'aurai l'honneur de présenter, qui relatera l'histoire de l'ionocinèse et de ses applications biomédicales.

Seront également présents des représentants de firmes pharmaceutiques intervenant dans le domaine des médicaments du système cardio-vasculaire. Je serai l'objet de questions nombreuses et variées.

Mais la meilleure de toutes ces questions émanera du représentant d'une (très) importante firme pharmaceutique : "Votre méthode est-elle compatible avec la poursuite du traitement chimiothérapique habituel ?" *C'est l'unique question que ce commerçant anxieux posera de toute la soirée. Je n'aurai évidemment aucune peine à le rassurer, l'expérience ayant prouvé à la fois la totale compatibilité et l'utilité limitée de ses produits. Dois-je préciser que cette conférence ne connaîtra aucune suite et sombrera dans un oubli épais... »*

« Les années passeront, le travail se poursuivra avec régularité, la réputation du docteur Clauzel et la réalité des résultats cliniques ne fera de doute pour personne, sauf pour les confrères et les « autorités » qui, sans aucune expérience et presque toujours sans la moindre compétence, mais avec une parfaite mauvaise foi et une malhonnêteté intellectuelle exemplaire, continueront de nier cette réalité, et dénigreront sournoisement mais efficacement ce qu'ils ne veulent accepter... ou comprendre. »

Témoignage de Loïc LE RIBAULT (* 75)

« Onze années durant, (...) nous demandons à d'innombrables reprises aux autorités médicales françaises la réalisation de tests officiels, afin que les organosiliciés soient reconnus comme médicaments. Mais nous nous heurtons à

un silence ou des refus systématiques ; sans doute ces molécules sont-elles trop efficaces et pas assez coûteuses : elles ne doivent sous aucun prétexte être mises sur le marché...

En 1982, profitant d'un séjour à l'Académie du F.B.I., je rencontre personnellement les présidents des trois principaux laboratoires pharmaceutiques états-uniens en présence de leur état-major. Je suis reçu fort cordialement, ils se déclarent vivement intéressés, mes dossiers sont photocopiés avec avidité, et plus de vingt ans plus tard j'attends toujours leur réponse.

Il en va de même avec la Sanofi et l'Institut Pasteur (qui reçoit en outre des échantillons de produit dont je conserve précieusement l'accusé de réception) à Paris en 1983. »

« *En 1987, nous informons (par document enregistré devant huissier) Jacques Valade, à l'époque ministre français de la Recherche, que ce produit pourrait peut-être représenter un espoir dans le traitement du SIDA, et qu'il est donc nécessaire de le tester immédiatement en ce domaine.* ***Dix-huit ans plus tard, le ministre n'a toujours pas répondu...*** »

« *Un jour, se présente à la porte de ma maison un individu portant un grand sac de sport de marque Adidas. Il se présente : c'est le patron d'un très grand laboratoire pharmaceutique d'État. Une fois entré, il pose son sac sur la table et l'ouvre. Je suis tétanisé : il contient 1 500 000 € en espèces, qu'il m'offre pour acheter mes brevets. Il est très clair : cet achat est destiné à étouffer purement et simplement le G5, qui est trop efficace pour être commercialisé ! Je refuse, évidemment, et flanque l'individu à la porte, devant laquelle l'attend une énorme et rutilante Mercédès.* »

« (...) il faut avoir le courage de regarder les choses en face : pour les financiers, les industriels, les politiques et les « autorités » (ordre des médecins, ordre des pharmaciens), un bon malade est un malade qui souffre longtemps, le plus longtemps possible, auquel on prescrit les médicaments les plus coûteux, susceptibles de procurer un soulagement léger (preuve apparente d'efficacité) ne débouchant sous aucun prétexte sur une guérison totale qui signifierait la perte de la vache à lait, l'assassinat de la poule aux œufs d'or. Un malade doit être rentable, rapporter un maximum d'argent, faire travailler les pharmaciens, les laboratoires pharmaceutiques, les infirmiers, le personnel hospitalier, les ambulanciers, les laboratoires d'analyses médicales, les cliniques privées, les médecins généralistes et les spécialistes avant de finir, comme tout le monde, par engraisser les pompes funèbres. Contrairement à ce que disent les tartufes, la sécurité sociale ne coûte pas cher : son gouffre prétendu traduit en fait d'énormes gains financiers.

Pour protéger ce fabuleux gâteau, on sait d'ailleurs (mais on n'ose pas le dire) que la mafia pharmaceutique utilise tous les moyens afin de vendre le maximum de médicaments : le mensonge, la fraude, la publicité ouverte ou déguisée, les pots-de-vin, le truquage des résultats, l'étouffement des thérapies réellement efficaces et même l'assassinat par hommes de main interposés. Il est vrai qu'elle ne craint pas grand-chose, puisqu'elle bénéficie du soutien actif et constant de tous les organismes d'État qu'elle finance. La preuve ? Dans la chasse aux sorcières que la mafia organise et contrôle sans relâche, on retrouve toujours le médical, le fiscal, le judiciaire, le médiatique et le policier ligués contre ceux qui soignent et soulagent en dehors des règles établies, « charlatans » d'autant plus dangereux qu'ils sont plus efficaces.

Je suis conscient de cela, et la différence d'attitude à mon égard est significative de la part de trois catégories professionnelles de la santé : les spécialistes refusent d'entendre parler du G5 (aucun d'entre eux n'a accepté de simplement lire un de mes dossiers) et les pharmaciens, dans leur grande majorité, ne manquent pas une occasion de me traiter de charlatan devant leurs clients ; par contre, nombreux sont les médecins généralistes et les infirmiers(ières) qui me demandent rendez-vous ou m'adressent des patients: ceux-là ont le feu sacré ; leur vocation est de soigner et de soulager, pas de s'enrichir. »

Deuxième Partie

DES VOIX S'ÉLÈVENT !

L'histoire vraie du silicium organique est révélatrice.

Dans cette affaire, la mafia médico-pharmaceutique a été contrainte de jeter le masque, et ce visage n'est pas beau à voir : c'est celui d'un pouvoir illégitime dont l'objectif unique est d'employer tous les moyens pour préserver ses intérêts financiers et empêcher la diffusion de produits réellement efficaces.

Sa doctrine est très simple : il est interdit de guérir.

*Mais cette dictature commence à vaciller : sans doute pour la première fois en France, des milliers de voix s'élèvent et crient au scandale : suite à l'arrestation de Le Ribault le 21 novembre 2003, l'*Association Internationale des Amis de Loïc Le Ribault[13] *avait lancé un appel pour recueillir des témoignages officiels de consommateurs de G5.*

Ces documents étaient destinés à être fournis à la Cour qui devait juger Le Ribault à Bordeaux le 5 février 2004.

---

13. Nouvelle adresse : Association Internationale des Amis de Loïc Le Ribault – 74 rue de Vevey – CH 1630 Bulle (Suisse) – Site Internet : www.aiallr.com

Selon la loi, chaque attestation devait être accompagnée de la photocopie recto verso d'une pièce d'identité de l'auteur (certifiée conforme), ainsi que de la mention manuscrite « Je suis informé que toute fausse déclaration de ma part peut entraîner des sanctions pénales. Fait à... le... pour valoir ce que de droit. »

Maître Raymond Blet, l'avocat de Le Ribault, reçut en un mois environ mille deux cents témoignages, qu'il remit à la présidente de la Cour. Celle-ci refusa non seulement d'en tenir compte, mais même de les lire.

Tout comme elle refusa d'entendre des témoins guéris de pathologies lourdes, présents dans la salle d'audience et prêts à témoigner.

Nous avons sélectionné certains de ces documents ignorés par la justice. Non pas pour les exemples de guérisons parfois spectaculaires dont ils témoignent : depuis un demi-siècle, l'utilité thérapeutique du silicium organique a été tellement prouvée que quelques témoignages de plus ou de moins n'apporteraient rien à cette évidence.

Mais parce que le choc et la révolte ressentis par l'arrestation de Le Ribault ont incité les utilisateurs de G5 à exprimer non seulement leur incompréhension et leur crainte de voir le produit interdit, mais de faire des remarques de bon sens dont les autorités médicales – si elles remplissaient leur rôle – devraient bien s'inspirer.

On y découvre ainsi :

Que beaucoup d'utilisateurs étaient purement et simplement abandonnés par la médecine orthodoxe ;

Que les médecins orthodoxes, au vu des résultats obtenus grâce au G5, ont crié au miracle ou à la guérison spontanée ;

Que les utilisateurs ont progressivement diminué – voir supprimé – leurs prises de médicaments orthodoxes habituels ;

Qu'ils s'en sentent d'autant mieux ;

Que ces guérisons ne coûtent pas un centime à la Sécurité sociale. Ou, plutôt, que les utilisateurs ne coûtent plus un centime à la Sécurité sociale ;

Que certains médecins hospitaliers utilisent pour eux-mêmes le G5... mais n'osent pas en faire profiter leurs patients ;

Que les utilisateurs font essayer le produit – avec le même succès – à leur entourage, leur famille, leurs amis ;

Qu'ils n'ont jamais observé d'effets secondaires ;

Que certains utilisateurs ne peuvent tout simplement plus se passer du G5 ;

Que le silicium organique a incontestablement sauvé des vies... mais n'en a coûté aucune ;

Que le produit est efficace en usage vétérinaire ;

Qu'en ce cas on ne peut évidemment parler d'effet placebo ;

Qu'ils constatent que les copies de G5 ont des effets « douteux » ;

Qu'ils s'étonnent que les fabricants de ces mixtures ne soient pas – contrairement à Le Ribault – poursuivis ;

Que tout le monde a compris les raisons véritables de l'acharnement dont Le Ribault fait l'objet ;

Que cette hargne est d'autant plus étonnante que les mêmes autorités donnent des AMM à des médicaments chimiques dont ils connaissent parfaitement les dangers ;

Qu'ils se sont sentis humainement blessés par l'arrestation de Le Ribault ;

Que le cas de Le Ribault, loin d'être original, n'est qu'un exemple supplémentaire de ce qu'on fait subir à tous les grands découvreurs dans le domaine thérapeutique. Il suffit pour s'en convaincre de lire les livres de Pierre Lance **(* 70 et * 71)**

Que nul n'a le droit d'interdire à quiconque le libre choix thérapeutique.

Denise A., 11230 Courtauly : « Il y a 14 ans, j'ai eu une tumeur à l'hypophyse : son ablation m'avait laissé une vue et un état général très déficients. J'utilise le G5 (...) depuis 3 ans. (...) Petit à petit, j'ai constaté une reprise de vitalité et surtout, avec étonnement, une amélioration de ma vue dont l'état était considéré comme irréversible. À tel point que maintenant j'écris !

Et j'écris pour m'indigner qu'une telle découverte soit sanctionnée en France, pays à l'origine de la Déclaration des droits de l'homme ! »

Marie-Thérèse B., 31490 Brax : « Disparition d'une dysplasie du col de l'utérus après 3 mois de prise régulière de G5 sous forme liquide, par voie orale matin et soir, et par application vaginale le soir. **Cela m'a évité de subir une intervention chirurgicale.** »

Suite à l'examen d'un frottis cervico-vaginal, le docteur Martine N. conclut (30 août 2002) : « *Infection à HPV avec suspicion de lésion de haut grade* ».

Après utilisation par la patiente de G5 pendant trois mois, le docteur Roger D. conclut (2 avril 2003) : « *absence de cellule suspecte.* »

Murielle B., 74340 Samoëns : « J'ai soigné deux tendinites aux coudes grâce au G5 (**tout autre traitement ayant été inefficace**). »

Louis C., 01200 Léaz : « Après une utilisation régulière sur moi-même et sur des proches, j'ai soumis chacune des personnes à un questionnaire précis portant sur des observations mesurables (...). Ce questionnaire a été remis à un vingtaine de personnes et la majorité ont observé des améliorations notables. **Aucune des personnes interrogées n'a constaté d'effets secondaires indésirables**et la faible part de ceux qui n'ont pas senti d'amélioration ne suivait pas les conseils de prescription (respect de la prise à jeun, posologie ou durée de la cure trop limitées).

Les principales améliorations notées concernent des douleurs articulaires, une plus grande autonomie dans les gestes ou dans les déplacements, des brûlures, les cicatrisations en général, toutes les affections des muqueuses de la bouche et même les douleurs dentaires. »

Yvonne C., 46500 Miers : « Depuis que je prends le G5 (...), **je ne coûte pas un sou à la Sécurité sociale** (voir ma Caisse de Cahors). Pourtant, depuis six ans, je prenais des anxiolitiques (...) dont la dose devait être augmentée ; au lieu de cela, le G5 m'a permis de les diminuer progressivement, jusqu'à les arrêter définitivement (...). Ceci n'étant qu'un exemple parmi d'autres. »

Patricia et Jean C., 05000 Gap : « Ce traitement *(le G5)* a permis de faire chuter de façon très conséquente les anticorps qui détruisaient la thyroïde (maladie d'Hashimoto) : constat par le laboratoire Mérieux de Lyon ! Au bout des premières semaines déjà, le métabolisme, qui était totalement au ralenti, est revenu à la norme (forme physique permettant même de reprendre le ski de fond à 1 800 mètres d'altitude).

Notre reconnaissance envers Monsieur Loïc Le Ribault se devait de trouver une concrétisation – et quelle meilleure participation que celle de faire connaître, par simple et naturel élan de reconnaissance et de solidarité, le G5 et Loïc Le Ribault tout autour de nous, partout en France où nous avons amis et relations, y compris dans le corps médical ! (...) C'est plus d'une centaine de personnes qui ont ainsi pu tester, utiliser et recommander le G5 à leur famille, leurs amis et leurs patients !

(...) **jamais nous n'avons eu de reproches sur un quelconque effet secondaire du G5**. La Science officielle, avec ses médicaments dûment homologués, ne peut malheureusement pas avancer une si limpide sécurité. Les 10 000 morts et plus annuels par maladies iatrogènes sont là pour en apporter le sombre témoignage. (...)

Par ailleurs, peut-on nous expliquer pourquoi des officines françaises, suisses, belges... diffusent actuellement de pâles copies du G5 aux effets douteux, sans être le moins du monde inquiétées par notre justice ??

Quels sont donc les réels motifs de cet acharnement injustifié à l'encontre de Monsieur Loïc Le Ribault ? »

Michel C., 85350 Ile d'Yeu : « Mon gendre, agé de 44 ans, gravement blessé lors d'une chute en parapente, consomme, depuis septembre 2003, par voie buccale, un verre de G5 matin et soir, par jour. Il souffre de paraparésie à la jambe droite : en début de rééducation intensive, insupportable douleur au genou, due à des ligaments croisés. Après une application par jour de gel de G5 pendant 4 jours, disparition totale de la douleur qui n'est pas reparue.

Une greffe de peau au mollet gauche, face interne, était très sensible au moindre frottement du pantalon. Après 3 semaines d'application de G5, la douleur a disparu et les poils repoussent sur la greffe.

Des verrues, réfractaires aux traitements traditionnels, disparaissent progressivement depuis l'absorption du G5.

Un paralytique de 42 ans, couché en permanence, rencontré à l'hôpital, souffrait de violentes douleurs à la colonne vertébrale et d'un abcès de la taille d'un œuf de cane au sacrum. Depuis le 28 décembre 2003 *(ce témoignage a été rédigé le*

23 janvier 2004), la pulvérisation de G5 a, déjà, fait diminuer l'abcès de moitié et deux verres de G5 bus par jour ont très atténué les douleurs de la colonne.

Ma petite-fille Laetitia L., 23 ans, souffrait de crampes nocturnes aux mollets, gardant une douleur quasi permanente. Après massage au gel de G5, la douleur persistante a été éliminée en une heure, et les crampes sont devenues très rares.

La chienne de 7 ans avait les yeux fortement larmoyants. Une application de G5 liquide a suffi pour guérir l'animal.

L'autre chienne de 5 mois avait un œil purulent. Une application de G5 par compresse, 2 jours de suite, et l'œil est redevenu sain. »

Marie-José de B., 06 Cannes : « Nous avons testé *(le G5)* avec des amis :

Pour l'un, il lui a fait baisser son taux de cholestérol sans aucune prise de son médicament habituel, et ce en trois mois et sans rien changer à son régime.

Je l'ai conseillé à une personne qui souffrait de la maladie de Crohn, médicalisée avec des produits très invalidants. En six mois, progressivement, elle a supprimé 92 % de ses prises de médicaments. Le rétablissement est confirmé depuis plus de 8 mois, et elle a même pu stopper le G5.

Quelqu'un de ma famille a pu supprimer totalement ses médicaments contre le diabète, sans changer son alimentation, mais en prenant très régulièrement 2 bouchons de G5 par jour. Elle a perdu du poids, retrouvé un dynamisme perdu depuis des années et son taux de sucre est stable.

Etc., etc. Je ne peux tout citer, il y en aurait pour des pages et des pages, **de toute façon nous savons tous de quoi il retourne : ce n'est qu'une affaire de lobby et de gros sous, mais je sais que cette fois-ci nous ne laisserons pas Loïc Le Ribault « disparaître » comme ce fut le cas pour certains.**

Même les plus épais des pots de fer finissent par être fragilisés par la rouille... »

Jean D., 33470 Le Teich *(s'adressant à la justice suisse pour tenter d'éviter l'extradition de Le Ribault)* : « Des témoignages, Loïc Le Ribault en a des milliers, et sous toutes les latitudes. **Mon fils, directeur d'hôpital, l'utilise pour lui-même et sa famille, mais hélas pas encore pour les malades, à son grand regret**. Et je voudrais bien que mes enfants, petits-enfants et arrière petits-enfants profitent de cette découverte sensationnelle. Vous-même, Madame ou Monsieur le Juge, en aurez besoin un jour. Loïc Le Ribault est un bienfaiteur de l'humanité. Le remettre à la justice française serait plus qu'un crime : une faute. (...) J'ai confiance en la justice suisse. Beaucoup moins, hélas, en celle de mon pays. »

Madeleine D. N., 75018 Paris : « Je viens de recevoir un courrier concernant Monsieur Loïc Le Ribault. Ce bienfaiteur en prison ! À Genève ! C'est du délire ! Oui, le G5 m'a permis de marcher sans canne, et je dormais enfin sans souffrir de mes hanches, mes genoux remplis d'arthrite. Le gel aussi m'a grandement soulagée.

J'avais découvert M. Le Ribault par l'aventure du CARME qui m'avait passionnée, et puis le G5 m'a été offert ! Du coup, j'en ai commandé, je l'ai recommandé à des personnes **qui me voyaient sans mes cannes anglaises**

Bien sûr, ce n'est pas difficile de comprendre que Loïc Le Ribault dérange grandement les profits des médicastres actuels et puis on peut l'arrêter, il n'y a pas de danger, on ne craint rien. Profitons– en !!! »

Bélaïd D., 62710 Courrières : « En 1998, j'apprends que j'ai un nodule sur le lobe gauche de la thyroïde. Je prends rendez-vous avec un endocrinologue de Lille, M. C. Celui-ci me confirme que c'est une hématocèle thyroïdienne. (...) Il m'annonce que si le nodule ne se résorbe pas de lui-même, il faudra envisager une lobectomie. Les mois passent et l'hématocèle est toujours là. Mon état de santé n'est pas au mieux ; fatigue, irritabilité et insomnie altèrent considérablement ma qualité de vie.

En août 2001, on me fait connaître le G5, j'en prends ausssi bien en interne qu'en externe. Je certifie sur l'honneur qu'en un mois l'hématocèle s'est résorbée. En trois mois, mon état de santé s'est nettement amélioré. Je remercie M. Le Ribault, **son produit m'a permis d'éviter une inutile mutilation. Je continue toujours à en prendre pour entretenir ma santé, à vrai dire je ne peux plus m'en passer.** »

Docteur Marc E., 69006 Lyon : « Invalide à 80 % suite à plusieurs accidents ayant entraîné des lésions de la colonne vertébrale avec nécessité de chirurgie cervicale, je me suis retrouvé en impotence complète du fait de douleurs intenses, traitées un moment à la morphine.

Le G5 fut une étape importante dans mon amélioration et **m'a libéré de la prise continue de morphine**. Je continue à le prendre et il m'apporte une amélioration et une aide constante.

*(Signé)*Marc E., médecin praticien pendant 25 ans. »

Marguerite F., 78450 Villepreux : « L'an dernier, je souffrais terriblement des genoux, au point de ne pouvoir m'accroupir. J'avais aussi mal en marchant. À 54 ans, je pensais avec désespoir que j'allais être vieille avant l'âge. Ayant lu un article sur le G5, (...) j'en ai commandé 4 flacons d'un litre. Je me souviens très bien du jour où je les ai reçus : c'était un samedi matin. J'en ai pris aussitôt (3 grandes cuillerées à soupe dans la journée).

Le dimanche matin, je me suis levée et j'ai eu la surprise immense de constater que je ne souffrais plus. J'ai continué la cure et, depuis un an et demi, la douleur n'est pas revenue. (...)

Je ne comprends pas pourquoi la justice (mais est-ce vraiment la « justice » ?) s'acharne autant sur une personne qui fait autant de bien par ses recherches...

J'espère que les autorités suisses vont relâcher très vite Loïc Le Ribault, car sinon il n'y a plus qu'à désespérer... On ne pourra bientôt plus se soigner naturellement. La Suisse étant une nation qui aime le naturel, je pense que Loïc Le Ribault sera protégé par les Helvètes. C'est un bienfaiteur de l'humanité, pourquoi l'emprisonner ? »

Monique F., 84120 Pertuis : « Ne vaut-il pas mieux pour l'humanité « *exercer illégalement la médecine et la pharmacie* » en offrant un réel soulagement, plutôt que de l'exercer légalement et de tuer des gens : je pense aux bébés Thalidomide, au talc Morange, aux vaccins, aux produits amaigrissants, aux hormones, etc. **Est-il normal que pour le profit et l'enrichissement d'une poignée de gens, tous les autres en pâtissent ?** »

Pierrette J., 05000 Gap : « Je suis atteinte d'une sclérodermie systémique. C'est une maladie orpheline, donc aucun traitement n'existe dans la médecine traditionnelle. Les traitements de confort que j'avais été amenée à prendre avaient sur moi des effets secondaires très invalidants.

Une semaine après avoir pris le G5 mon kiné, puis mon orthophoniste, ont remarqué que ma peau était plus souple, mon visage plus détendu (ils n'étaient pas au courant de ma démarche). (...) Je soigne mes inflammations au bout des doigts avec le G5 sans utiliser ni cortisone ni antibiotiques. Ce produit m'apporte un véritable confort sans effet secondaire. »

Luce K., 93160 Noisy le Grand : « Nous avons toujours un pot de G5 à proximité, soit au rez-de-chaussée soit au premier étage, car il nous arrive la nuit aussi d'en appliquer lors de crampes ou démangeaisons, et nous avons toujours peur d'en manquer.

Je souhaite de tout cœur voir M. Le Ribault continuer son travail qui nous soulage si souvent. Je supplie les autorités quelles qu'elles soient de permettre à cet homme de continuer de nous faire du bien, **et qu'il soit au contraire aidé pour poursuivre ses recherches qui pourraient soulager tant de monde. S'il vous plaît, aidez-le !** »

Joël L., 29470 Plougastel-Daoulas : « J'ai eu maintes fois l'occasion d'utiliser le G5 de Loïc Le Ribault et j'ai toujours apprécié son efficacité remarquable.

Il y a quelques années, j'ai souffert de problèmes de névralgies faciales. Le neurologue que j'avais consulté à l'époque – le docteur M. (Brest) – avait mis en évidence (par IRM) un problème situé au niveau du nerf glosso-pharyngien, ce qui, en période de crise, se manifestait par de violentes décharges de type électrique. Bilan : je ne parlais plus, je mangeais difficilement avec en permanence la peur au ventre. Au tout début, les médecins ont cru qu'il s'agissait d'une otite et m'ont donc soigné sans succès pour cette affection. Un médecin ORL m'avait même proposé de procéder à l'ablation de mes amygdales, ce que mon médecin traitant avait jugé inopportun. Ensuite, ce fut le parcours du combattant jusqu'au jour où, de guerre lasse, j'ai entrepris d'essayer le G5 (en gel et en liquide) qu'un ami m'avait conseillé et je dois avouer que le résultat fut spectaculaire, car la tension résiduelle qui subsistait au niveau de l'oreille gauche s'est alors rapidement estompée. Ce fut tout simplement merveilleux et inespéré.

Des personnes à qui j'ai, à mon tour, parlé du G5 et qui l'ont essayé, en sont également très satisfaites. Elles l'ont testé avec succès dans des affections aussi variées que brûlures, herpès, eczéma, psoriasis, tendinite, arthrose, etc.

Pour ma part, je n'ai plus jamais eu de crise d'herpès alors qu'auparavant j'en faisais très régulièrement, à l'occasion de chaque fatigue. C'est pour le moins curieux, et il est fortement probable qu'une corrélation forte existe entre la prise de G5 et la disparition de ces crises autrefois récurrentes.

Très récemment, un ami qui ne savait plus à quel saint se vouer pour des problèmes de dos a vu sa douleur s'estomper très rapidement et a éprouvé un soulagement immense grâce à quelques applications de G5 sous forme de gel.

De même, un collègue qui pratique la course (à pied et à vélo) m'a indiqué qu'il avait arrêté net une tendinite au genou qui l'empêchait de marcher et *a fortiori* de courir. Pour cela, il a gardé une compresse pendant 3 jours, le 4ème jour il a pu courir sans que la douleur réapparaissent ce qui est proprement fantastique.

Cet été, m'étant brûlé (...) avec des braises du barbecue, j'ai eu l'occasion de tester son efficacité : après une vaporisation de G5 (liquide), la douleur a disparu, de façon quasi instantanée.

(...) **La personne qui affirme que ce produit n'a aucune efficacité est difficilement crédible au vu des nombreuses observations émanant de gens de tous horizons.** Il serait sans doute bon, à cet égard, de méditer ce propos d'Albert Einstein : « *Toutes les idées essentielles en science sont nées dans un conflit dramatique entre la réalité et nos efforts de compréhension.* »

Je fais le vœu que l'on rende rapidement au chercheur Loïc Le Ribault la place qu'il mérite par ses découvertes et ses travaux. »

Hubert L., 80090 Amiens : « J'ai 35 ans et j'ai souffert pendant plus de 6 ans de fissures anales. J'ai d'abord consulté deux médecins puis un gastroentérologue, mais les traitements préconisés n'ont donné aucun résultat. La prise de G5 par voie orale (1 cuillère à soupe le matin à jeun) en septembre 2003 sur une durée d'un mois a permis de résoudre totalement mon problème. »

Christine M., 31 Pibrac : « Ma fille souffre de polyarthrite, une maladie très invalidante et catastrophique pour une mère de trois enfants. Elle ne pouvait plus tenir une aiguille. Depuis qu'elle prend du G5, elle a retrouvé la mobilité de ses mains.

Étant donné ces résultats, je trouverais catastrophique l'interdiction du G5. Et, humainement parlant, je me sentirais blessée que son inventeur, pour moi un bienfaiteur, soit traité comme un malfaiteur. »

Lucette M., 53160 Ize : « Mon mari était atteint depuis 5 années d'un eczéma aux jambes, aux mains et aux bras ; après 3 semaines d'application de G5 gel, l'eczéma a complètement disparu. Il avait rencontré auparavant tous les spécialistes et dermatologues de la région de Laval à Angers. La pommade à la cortisone (souvent proposée) permettait une légère amélioration, mais dès que les applications cessaient, les surfaces d'eczéma augmentaient et l'inflammation redoublait de virulence.

Le G5 (...) a été pour mon mari la délivrance, après des jours et des jours de démangeaisons où il se levait pour prendre des douches afin de réduire momentanément l'inflammation...

Pourquoi s'attaque-t-on à cet inventeur, chercheur, qui a été pour moi le seul capable de stopper la maladie que mon mari avait contractée (de 1997 à 2002) ?

D'autre part, ma mère, Madame Andrée S., demeurant ..., âgée de 81 ans, hospitalisée au C.H.R. de Laval pour une méningite à pneumocoque, a contracté une septicémie compliquée d'une endocardite en mars 2003. *(Elle a été)* transférée de Laval au CHU d'Angers, puis dialysée suite à l'arrêt du fonctionnement de ses reins (dû aux antibiotiques). Bref, au seuil de la mort.

Le 8 mai 2003, à Angers, elle commence la cure intensive de G5. Sa santé s'est rapidement améliorée. Elle est sortie de l'hôpital le 30 juin 2003.

Aujourd'hui, ce n'est plus qu'un mauvais souvenir, et les médecins ne parlent plus d'intervention cardiaque (ils ne savent pas qu'elle a pris du G5, ils pensent qu'elle est « miraculée »). Elle est de nouveau chez elle, et en bonne santé. »

Isabelle M., 77600 Bussy-Saint-Georges : « Je l'ai *(le G5)* même essayé sur mon chien. Parfois, il se gratte jusqu'au sang. Je lui vaporise du G5 et en une journée à peine les traces disparaissent. **Malheureusement, il ne peut pas témoigner.**»

Véronique M., 13290 Les Milles : « J'ai commencé à prendre la silice organique pour soigner une kératite conjonctivite virale. Je prenais auparavant des corticoïdes. En 48 heures, grâce au G5, tout a disparu : rougeurs intenses et douloureuses, troubles de la vision. Et je n'ai plus jamais eu de kératite.

Deux ans plus tard, en juillet 2001, j'ai été opérée d'une tumeur cancéreuse, côlon, intestin grêle avec métastases ganglionnaires (83 cms).

J'ai refusé un traitement lourd de chimiothérapie. Je pesais 38 kilos et, avant intervention, l'hémoglobine était à 5, le fer sérique à 1, la serritine à 2, d'où nécessité de transfusions (4 poches) et morphine.

En rentrant à la maison, j'ai commencé une cure de G5. J'ai immédiatement ressenti une accélération de mon énergie vitale. Mon hémoglobine est remontée très vite pour arriver à 15 (!) six mois plus tard, puis à 16 (!).

Nous sommes en décembre 2003. Échographie, marqueurs, analyses de sang sont au beau fixe. La cicatrisation a été rapide, solide, sans risque d'éventration. Je continue à prendre du G5 en cure. J'applique aussi du gel de silice sur ma cicatrice (tout le long du torse et du ventre).

(...) **Je suis désespérée des injustices monumentales que vous subissez, de toutes ces offenses qui vous sont faites et je compatis à ce que vous vivez si malheureusement.** »

René O., 95120 Ermont : « Depuis des décennies, j'étais affligé d'une dermatose (...) devenue chronique, malgré une infinité de traitements internes, externes, cures thermales, etc. **Je peux dire avoir coûté très cher à la Sécurité sociale.** « *Ça passera avec l'âge* », me disait– on. J'ai consulté dans les hôpitaux, les Centres, des spécialistes en dermatologie, endocrinologie. « *Il y a pire que vous !* »

Jusqu'au jour où j'ai été amené à connaître le G5.

Cela va faire maintenant deux mois que j'utilise ce produit, et je n'ai pratiquement plus d'éruptions. »

Marie P.– D., 26110 Rochebrune : « *(J'ai été conduite à faire)* un essai de G5, suite à la constatation de son effet (...) concernant une personne de mon entourage qui, condamnée par le corps médical à la station permanente horizontale, a retrouvé d'abord la station assise et peut maintenant circuler seule debout avec deux cannes, et ce après une consommation régulière de G5. »

Edith R., 34000 Montpellier : « Lorsque j'ai eu l'occasion de me procurer du G5, j'ai d'abord pratiqué des tests sur des animaux. J'ai donné une cuillère de G5 tous les matins à des très vieux chiens qui ont retrouvé un regain de vie avec repousse des poils. Mon autre chien traînait une conjonctivite depuis plusieurs mois, j'avais acheté différents collyres sans résultat. Avec le G5, l'œil a été guéri en trois jours.

Moi-même, j'ai pris du G5 ; je n'ai plus mal aux pieds, aux genoux, je peux à nouveau danser, j'ai retrouvé le sommeil, ma vue s'est améliorée ; une vaporisation de G5 sur mon visage tous les matins : ma peau ne vieillit pas, certaines rides ont disparu. À 68 ans, j'ai une forme exceptionnelle. Les taches brunes sur mes mains sont parties.

Je guéris des parents, des amis ; mon gendre n'a plus d'herpès. Mon petit-fils était allergique aux piqûres de guêpes : avec son petit vaporisateur, la douleur disparaît et il n'a plus peur.

J'ai emmené du G5 à Madagascar dans un bidonville. Que de douleurs soulagées (les yeux, les maladies de peau, les brûlures, etc.) !

Quelle honte pour un pays d'emprisonner un homme exceptionnel comme Monsieur Le Ribault. Tant de personnes malfaisantes courent les rues !(...)

J'espère que des enquêtes « fiables » (ni juge, ni parti) seront réalisées et que les qualités du G5 seront reconnues.

Quand on veut acheter du silicium (minéral ou végétal) en France actuellement, on trouve des produits étrangers (autrichiens, belges, etc.) à des prix excessifs.

Ne serait-ce pas là une politique de gros sous ? Avec le mépris de la santé des gens !

Pourquoi refuser jusqu'à présent l'étude de ce produit qui a fait ses preuves multiples bien que marginales ?

Quand cessera-t-on de « torturer » des scientifiques qui dérangent l'ordre des choses établies par le « haut système »?

Le livre de Monsieur Le Ribault prouve sa sincérité ; son ancien métier et sa bonne conscience lui ont procuré beaucoup d'ennemis dans les hauts lieux.

J'espère que les justices, suisse dans un premier temps, française dans un second, rattraperont les erreurs du passé. »

Suzanne S., 69330 Meyzieu : « Aujourd'hui même, j'ai entendu à la radio que la science manquait considérablement de chercheurs, et qu'il devenait très urgent de repenser l'enseignement, car actuellement les jeunes générations délaissent cette profession.

Pensez-vous que l'exemple du procès de Loïc le Ribault, ainsi que ceux de ses prédécesseurs (Solomidès, Beljanski, etc.), qui sanctionnent des hommes généreux et bienfaiteurs universels, puissent encourager « nos jeunes » vers un tel avenir ?

De plus, en cette période de marasme de la Sécurité sociale, ne conviendrait-il pas de privilégier des produits sains, expérimentés, sans effet nocif secondaire, à une pharmacopée (...) qui pénalise ceux qui essaient de se prendre en charge ?

J'ose espérer :

Que les instances judicaires sauront examiner ce dossier avec tout l'intérêt qu'il présente tant au plan personnel pour M. Loïc Le Ribault qu'à celui de la société tout entière ;

Que toute poursuite contre M. Loïc Le Ribault soit abandonnée afin qu'il puisse travailler en toute sérénité sans avoir en permanence l'épée de Damoclès au-dessus de la tête ;

Qu'enfin les instances médicales françaises étudient sérieusement tous les produits que M. Loïc Le Ribault a mis au point et reconnaissent les découvertes scientifiques de ce grand chercheur. »

Solange S.- A., 75017 Paris : « En septembre 2002, ma mère, (...) 88 ans, grande fumeuse en état de carence alimentaire, marchait avec difficulté, ne se déplaçant plus que pour aller à la salle de bains ou aux toilettes. Elle semblait ne plus voir clair, lisant ses livres à l'envers...

Un accident vasculaire à l'œil gauche la priva définitivement de la vue avec cet œil.

Elle fit une première chute et je dus appeler les pompiers pour la remettre dans son lit.

Le 9 octobre, elle refit une chute, se fracturant le nez et ne pouvant plus se relever. Le médecin des pompiers diagnostiqua une artérite.

Le 11 octobre, le docteur G. C., son médecin traitant, posa le diagnostic d'artériopathie périphérique.(...) À dater de ce jour, elle ne put plus se déplacer et souffrait énormément.

Le 16 octobre, on mit en place un lit médicalisé.

Le 6 novembre, on fit un Echo-Dopler qui confirma le diagnostic et permit de voir qu'une des artères était totalement bouchée au niveau iliaque, l'autre jambe au niveau du genou.

Une escarre se créa sous le mollet droit au-dessus du talon.

Les soins commencèrent le 22 novembre, en même temps que la morphine. (...) Le risque de gangrène était important et imminent. (...) Le docteur C. m'expliqua que nous nous acheminions vers une fin rapide et difficile, mais qu'il ne fallait pas laisser la gangrène s'installer, et donc prévoir l'amputation... ou les amputations !

Sur ses conseils, un rendez-vous à la clinique B. (...) fut pris pour une consultation le 17 décembre avec le docteur J.-M. F., chirurgien vasculaire. Ce médecin précisa effectivement le danger imminent de gangrène, mais étant opposé aux amputations, il décida de faire un double pontage iliaque qui, sans la guérir, permettrait du moins à ma mère de mourir dignement « avec ses jambes », souhait qu'elle avait elle-même formulé.

L'opération fut décidée pour le 8 janvier 2003, car elle voulait passer « ses dernières fêtes de famille avec ses enfants ».

Nous avions conscience que nous approchions de la fin.

Ma mère entra à la clinique B. le 7 janvier. L'opération réussit et le docteur F. était optimiste. Sa sortie était prévue pour le 21 janvier, et l'ordonnance de la clinique n'avait prévu que les soins infirmiers postopératoires, ne prenant pas en compte la douleur.

Le 20 janvier, je passai voir le docteur C. à son cabinet pour avoir une ordonnance de morphine, car ma mère souffrait encore beaucoup (...).

Le mardi 21 janvier, vers 15 h, je la ramenai à domicile où le service d'hospitalisation à domicile prenait effet le lendemain matin.

Malheureusement, prise d'un moment d'égarement, pendant que je remplissais les papiers avec les ambulanciers, elle arracha le pansement gauche ainsi que les fils de suture, ouvrant une plaie trianglulaire de 4 x 4 x 4 cm. Je demandai immédiatement à la clinique la possibilité de la ramener, mais ils refusèrent.

Le docteur C. est venu le vendredi 24 janvier, constater son état et compléter le protocole infirmier. Mais en quelques jours la plaie s'était infectée et son retour à la clinique fut décidé pour le 30 janvier.

Elle est restée à la clinique du 30 janvier au 11 février. En effet, ce jour-là, des travaux dans le service ont provoqué le déplacement des malades dans différents services et au mieux (ou au pire) à leur domicile.

Il a donc fallu que je ramène ma mère en urgence. À ma grande surprise, la plaie n'avait pas été recousue. Il y avait juste eu un traitement antibiotique. La plaie était saine. À la clinique, les infirmières m'avaient fait comprendre que la situation était sans espoir. Je n'avais pas pu revoir le docteur F. et je n'étais pas contente de cette situation (...).

Comme le docteur C. me l'a fait constater avec l'infirmière comme témoin, lors de sa visite le 14 février : on voyait le pontage au fond de la plaie ! Il était évident qu'elle ne cicatriserait plus, vu son état. (...)

J'ai donc appelé un ami médecin, ne sachant plus que faire (...). Il m'a conseillé d'utiliser le G5, (...) que j'utilisais pour moi et qui avait guéri mon œdème des jambes en huit jours alors que rien n'y faisait. (...)

Le dimanche 16 février, je suis restée dans la chambre (...). En regardant l'infirmière faire les soins, je repérai qu'elle nettoyait la plaie comme l'escarre avec du sérum physiologique. Celui-ci était en flacon d'un demi-litre. Le flacon était terminé et le second venait d'être ouvert. J'ai donc vidé la moitié du flacon et je l'ai rempli avec le silicium. En plus, je mis un demi-verre de silicium organique dans chaque demi-litre de jus d'orange allongé d'eau filtrée (...), seule boisson acceptée par ma mère qui refuse tout autre liquide.

Par ce subterfuge, dès le lundi matin 17 février, des soins que j'espérais plus efficaces avec le G5 ont donc commencé.

Le 21 février, lors de la visite du médecin traitant, nous constations avec l'infirmière que « la plaie bourgeonnait du fond » : une mousse rose couvrait le pontage que l'on ne voyait plus.

Le médecin est venu ensuite chaque semaine, le vendredi. Très vite, il a constaté que l'escarre commençait elle aussi à se « remplir », et a donné l'ordre de ne plus la creuser en coupant les bords qui jusqu'à présent s'étaient nécrosés.

Le 14 mars, la plaie était cicatrisée, la croûte se formait, l'escarre faisant de même. À ce moment-là, j'ai pu descendre les doses de morphine jusqu'à zéro.

Le 18 avril, tout était cicatrisé, la peau était reformée et ma mère ne souffrait plus du tout.

Le médecin s'est interrogé sur cette incroyable guérison (dans toute sa carrière, il n'avait jamais vu ça : « Ça n'aurait jamais dû arriver... Qu'est-ce qui se passe, ici ? »).

À l'époque, je n'ai pas voulu répondre à ses interrogations, car je savais que le chercheur qui avait mis au point ce fabuleux produit était poursuivi par l'ordre des médecins et des pharmaciens. Aujourd'hui, il se retrouve en prison, ce qui justifie mon témoignage. (...)

L'infirmière m'a dit qu'elle avait compris qu'il se passait quelque chose et m'a demandé « ce que je faisais en plus de ses soins ». (...) Et je lui ai expliqué. L'association des soins infirmiers m'a aussi demandé des explications, car tous ceux qui ont approché ma mère savent qu'elle devrait être décédée...

Alors, j'ai continué le G5 dans le jus d'orange : deux cuillères à soupe par litre. J'ai constaté que la vision de l'œil droit était revenue. Il faut noter qu'à la clinique, sur les conseils de mon frère, j'avais demandé que l'on fasse un examen des yeux. Cela nous avait été refusé car « trop compliqué » à mettre en œuvre...

(...) J'ai aussi pu constater que lors de la canicule de l'été, elle a traversé cette période qui aurait dû lui être fatale (je n'avais même pas de ventilateur à la maison), et que contrairement à ce que l'on m'avait dit, il n'y a pas eu de suite fâcheuse...

Maintenant, elle peut s'acheminer doucement vers la fin de sa vie, une fin de vie naturelle.

(...) **Étant de famille de médecins, je ne peux que souhaiter que les ordres professionnels ouvrent enfin les yeux et fassent les essais cliniques nécessaires, et que la justice rende une justice vraie, car il s'agit d'un problème de santé publique.**

Quoi qu'il en soit, je me dois de remercier Monsieur Loïc Le Ribault d'avoir poursuivi la mise au point du silicium organique qui a sauvé ma mère et qui améliore considérablement ma santé au quotidien. »

Laurent S., 81100 Castres : « J'utilise le G5 depuis juillet 2001. Je suis malade depuis 1993, mon état s'est aggravé sérieusement à partir de 1995. Je souffre de fatigue intense, de douleurs osseuses et musculaires, etc., et, le plus grave de tout : d'oppression respiratoire continue qui me vaut d'être handicapé à 50 %.

Avant d'utiliser le G5, mon état ne cessait de se détériorer. J'ai consulté de nombreux spécialistes en médecine, mais aucun n'a pu m'aider.

Depuis que j'utilise le G5, mon état s'améliore.

Il est évident pour moi que le G5 est responsable de l'amélioration lente mais progressive de ma santé, car il n'y a d'amélioration que si je consomme le produit. Grâce à lui, tous mes symptômes ont diminué. Bien que ce soit long, j'ai espoir de voir la fin de tout cela, alors qu'auparavant je me voyais fini.

Si c'est long, c'est parce que je ne peux consommer qu'une cuillère à la fois, et pas tous les jours, car la prise de G5 augmente temporairement ma fatigue, et des quantités supérieures me font tomber de sommeil. Malgré tout, peu à peu, le G5 m'apporte un regain général d'énergie et les quantités pouvant être ingérées sans fatigue progressent lentement. J'ai appris par expérience l'utilité des sels minéraux et oligoéléments pour me soigner. Ils m'apportent plus de résistance physique et morale. Mais c'est à partir de la consommation du G5 que les suppléments que je prenais ont pu être diminués, comme fixés dans l'organisme par le G5, du moins c'est ce que je pense.

Je ne peux me passer du G5 sans lequel mon état cesserait de s'améliorer. **M'empêcher de consommer le G5 me condamnerait à rester handicapé, à ne plus voir la fin de mes souffrances. Je considérerais un tel acte comme un crime !**

D'autres formules onéreuses et inefficaces de Silanol sont en vente libre et ne sont nullement inquiétées par la justice ; il n'y a donc pas de raison que le Silanol G5 reçoive un traitement différent. »

Et que dire de ce médecin, terrorisé, qui déclare (visage caché et voix modifiée) **(* 101)** : « Je suis médecin, je ne vous parlerai pas à visage découvert, parce que le G5, comme beaucoup d'autres produits, n'est pas en vente libre en France, et je ne peux pas m'exposer ainsi ; par contre ce sont des produits extrêmement utiles qui méritent d'être vraiment mieux connus qu'ils ne le sont. **On empêche les gens d'avoir accès à la guérison, en cancérologie en particulier ; il y a tellement de moyens différents d'agir là-dessus qui sont systématiquement occultés...** »

Ne dirait-on pas que, depuis cinquante ans, il est interdit de guérir le cancer, ainsi que toutes les maladies graves, donc coûteuses, autrement dit qui rapportent beaucoup à l'industrie pharmaceutique ?

Conclusion

De 1957 à la mort de Duffaut, en 1993, la renommée des organosiliciés se limite au nombre restreint des médecins qui les utilisent, et traitent grâce à eux des milliers de patients atteints des affections les plus variées. En dépit de son efficacité, le silicium organique, très peu connu du grand public, n'est donc pas encore dangereux pour la mafia médico-pharmaceutique, qui se contente de faire la sourde oreille aux demandes de tests officiels de Duffaut et de Le Ribault.

Les choses changent brutalement en octobre 1995, avec la parution de l'article-bombe sur le G5 dans le journal *Sud-Ouest*. L'impact médiatique est considérable, et **le silicium organique devient un danger réel pour la mafia médico-pharmaceutique**. Aussitôt, deux plaintes sont lancées contre Le Ribault par l'ordre des médecins et l'ordre des pharmaciens. La véritable chasse à l'homme qui est alors lancée contre lui au début de 1996, avec des moyens démesurés, se terminera par un procès typiquement stalinien en février 2004.

Pourtant, dès 1996, une multitude de sociétés commerciales éclosent en France et diffusent des mixtures supposées être à base de silicium organique, dont il est prouvé que certaines sont toxiques et la plupart inefficaces. Ces sociétés ouvrent des points de vente, publient dans les journaux des publicités mensongères et des revendications thérapeutiques, sans être le moins du monde inquiétées par la « justice » qui persécute Le Ribault. Maintenant, ces sociétés s'implantent dans l'Europe entière en toute impunité.

Comment expliquer cette différence de traitement ?

La réponse est très simple : la réputation scientifique de Duffaut et Le Ribault ne permet pas de mettre la valeur du G5 en doute.

Mais les commerçants, eux, ne peuvent se baser sur la caution d'aucun découvreur de haut niveau. Ignorant tout de la chimie, de la physique et de la géologie, incapables d'assimiler le moindre article scientifique, les marchands de silicium en sont réduits à rédiger des notices de présentation constellées d'aberrations techniques. Incapables de fabriquer du silicium organique pur, à la concentration idéale et bien stabilisé, ils sont contraints de lui ajouter d'inquiétants mélanges d'ingrédients qui, eux, sont connus pour être relativement efficaces. Ce sont les ingrédients qui soulagent (un peu), mais pas le silicium...

Autrement dit, ces commerçants ne sont pas dangereux pour la mafia médico-pharmaceutique. C'est pourquoi la justice les laisse escroquer en paix.

La politique actuelle de la France en matière de santé aboutit à sanctionner les vrais découvreurs au profit des charlatans. Parce que les charlatans, en se référant aux vrais scientifiques, les décrédibilisent.

Loïc Le Ribault et son G5 se trouvent dans la situation où se serait trouvé Alexander Fleming si, au moment où il demandait l'A.M.M. pour la pénicilline, des marchands sans scrupule avaient lancé sur le marché des mixtures à base de champignons de Paris pourris en prétendant qu'ils guérissaient les infections graves.

Ça n'aurait pas marché : Fleming était Britannique.
Malheureusement pour lui, Le Ribault est Français.

En 2002, Maître Philippe Autrive, avocat, résumait parfaitement la situation actuelle de la recherche médicale en France **(* 101)** :

« *Qu'est-ce qui peut se passer pour un petit promoteur qui présente un grand produit ?*

Moi je dirais que d'abord ses jours sont comptés et il a quand même peu de chances d'y arriver, d'abord parce qu'il lui faut trouver au bas mot dix millions de francs (1 524 490 euros), c'est pas évident.

Mais supposons qu'il les trouve, il va falloir ensuite qu'il passe toutes les strates des expertises, des analyses, etc., et là il y a une chape de plomb, en France notamment, lorsqu'on n'appartient pas au sérail académique ou scientifique.

Mais admettons qu'il passe les différentes barrières des essais dans les hôpitaux, dans les laboratoires, etc., il lui faudra ensuite avoir beaucoup, beaucoup d'énergie et de volonté pour faire reconnaître son médicament. Ce qu'il faut savoir, c'est que sa demande se terminera sur le bureau des experts de l'Agence Française des Produits Sanitaires ; les experts donneront leur assentiment ou pas, et il y a peu de chance qu'il l'obtienne ***tant qu'il n'existe pas d'experts indépendants***. (...)

Je rappelle quand même qu'il ressort des obligations du médecin, de son code de déontologie, de proposer, d'informer, de susciter le choix (des thérapies), et même si la molécule n'a pas l'autorisation de mise sur le marché. C'est important : ça veut dire que le médecin n'est pas obligé de prescrire un médicament qui a l'A.M.M., il a l'obligation de soigner, ce qui n'est pas pareil. Donc, il peut même aller choisir une molécule qui n'a pas l'autorisation en France, mais qui aurait une autorisation à travers l'Europe, dans un autre pays, parce qu'il considère qu'elle sera bénéfique et qu'elle peut soigner son malade, à condition bien entendu d'informer celui ci. (...)

On peut s'étonner, et sur ce point je crois que les choses sont très graves, que lorsqu'un petit promoteur ou un petit chercheur trouve un produit qu'il estime efficace dans le traitement d'une maladie grave, le gouvernement se contente d'invoquer le code de santé publique, alors que l'État, à mon avis, s'agissant d'un produit qui pourrait être efficace par exemple contre le cancer et le sida, devrait prendre ses responsabilités et dire : « On va aider ce petit chercheur, ce petit promoteur à régler ces petits problèmes de réglementation, mais avant tout on va s'attaquer au fond du problème, on va essayer, parce que si c'est efficace, on sauve des millions de personnes. »

Quand on n'a pas d'alternative thérapeutique officielle, est-ce qu'on peut en utiliser une autre, même si elle n'a pas obtenu l'AMM ?

Est-ce qu'on a le droit de sauver sa peau ? »

Deux ans plus tard, les milliers de lettres reçues par Le Ribault répondent à cette question et apportent un immense espoir :

Les patients ont décidé qu'il avaient le droit de sauver leur peau.

Et un jour – proche – arrivera où les autorités médicales françaises devront céder devant la pression d'une population exaspérée.

BIBLIOGRAPHIE

Articles scientifiques

(1) Akuginova Z. D., Nikonenko B. V. & al. (1995) – *Immunity and resistance to tuberculosis in mice on different diets*, Problemy Tuberkuleza, 0 : 40-43.

(2) Bedu O., Goy J. & al. (1991) – *Action of silicon on cultured lymphocytes*, Med. Sci. Res. 19: 317-318

(3) Berlyne G. M., Adler A. J., & al. (1986) – *Silicon metabolism. I. Some aspects of renal silicon handling in normal man*, Nephron, 43 : 5-9.

(4) Betti V. & Suffritti G. (2000) – *Ruolo attivo del silicio per potenziare la neoformazione e la mineralizzazione ossea,* Doctor Os, novembre 2000, p. 1-12.

(5) Birchall J. D. (1990) – *The role of silicon in biology*, Chemistry in Britain, 141-144.

(6) Boissier, J. R. (1956) – *Absorption et élimination du silicate de sodium administré par voie buccale*, Sem. Hop. Pathol. Biol., 32: 457-461

(7) Bowen, H. J. M. and A. Peggs (1984) – *Determination of silicon content of food*, J. Sci. Food Agric., 35: 1225– 1229

(8) Burger M. (1982) – *Immunization of mouse spleen cell cultures in the absence of serum and its proteins using SiO2 and 2–mercaptoethanol*, Immunology, 45: 381– 385.

(9) Burton A. C., Cornhill F. & al. (1980) – *Protection from cancer by 'silica' in the water– supply of U.S. Cities*, Journal of Environmental Pathology and Toxicology, 4: 31– 40.

(10) Carlisle E. M. (1972) – *Silicon, an essential element for the chick*, Science, 178, 619.

(11) Carlisle E. M. (1975) – *Silicon in the osteoblast, the bone forming cell*, Fed. Proc., 34: 972.

(12) Carlisle E.M. (1976) – *In vivo requirement for silicon in articular cartilage and connective tissue formation in the chick*, J. Nutr., 106 : 473.

(13) Carlisle E. M. & Alpenfels W. F. (1980) – *A silicon requirement for normal growth of cartilage in culture*, Fed. Proc., 39: 787.

(14) Carlisle E. M., Berger J. W. & al. (1981) – *Silicon : a requirement for prolylhydroxylase activity*, Fed. Proc., 40: 366.

(15) Charnot A. (1963) – *Influence du silicium et du potassium sur le métabolisme silicique*, Annales d'endocrinologie, 397– 402

(16) Charnot Y., Gozan K. B. & al. (1974) – *Oestro– progestatifs et métabolisme du calcium, du magnésium et du silicium*, Annales d'Endocrinologie, 35: 329– 335.

(17) Creac'h, P. & Adrain J. (1990) – *Le silicium dans la chaîne alimentaire et sa localisation dans l'organisme*, Méd. et Nut., 26: 73– 90.

(18) De Mesquita R. P. & Kerr I. B. (1975) – *Local effects of silica on tumor growth inhibition.* A histological study, *Archiv für Geschwulstforschung*, 45: 637– 647.

(19) Duffaut N. (1967) – *Synthèse et propriétés de quelques complexes organosiliciés*, Séminaire de Chimie Organique, Bordeaux, 7 mars 1967.

(20) Eisinger F., Luneau J. C., Detolle P. & Eisinger J. (1978) – *Étude de l'activité immunitaire d'un composé organique soluble de silicium (monométhyl trisilanol) utilisé en pratique médicale courante*, Lyon Méditerranée Médical, Tome XIV, n° 12, juin 1978, p. 2321– 2325.

(21) Eliott M.A., Edwards H.M. Jr (1991) – *Some effects of dietary silicon on growth and skeletal development in chickens*, J. Nutr., 121: 201.

(22) Gendre P. (1967) – *Altérations de la paroi aortique du lapin après traitement athérogène : action préventive d'un dérivé du silicium*, C.R. Soc. Biol., 16, 2147– 2148.

(23) Gendre P. (1970) – *Les composés organosiliciés dans le traitement de l'athérome expérimental*, C. R. de l'Académie des sciences, Paris, 270, p. 1356.

(24) Gendre P. (1970) – *Contribution à l'étude des altérations expérimentales ou spontanées de la paroi artérielle chez l'Animal et chez l'Homme : recherches infrastructurales et biochimiques. Rôle du silicium dans l'arthérosclérose*, Thèse de doctorat ès sciences, Bordeaux, 24 octobre 1970.

(25) Gillette– Guyonnet S., Andrieu S., Nourhashemi F. & A. (2005) – *Cognitive impairment and composition of drinking water in women : Findings of the EPIDOS Study*, The Amer. J. of Clinical Nutrition, 81, p. 897– 902.

(26) Grubis B. & Duffaut N. (1975) – *Détermination directe du silicium dans le sang par spectrométrie de fluorescence ; domaine d'application à l'analyse médicale de cette méthode physique*, Spectre 2000, 14, p. 31– 35

(27) Gueyne J., Duffaut N. & Quilichini R. (1962) – *Absorption cutanée du salicylate de potassium sous forme de complexe organosilicié*, Thérapie, 17 (4), p. 549– 557.

(28) Henrotte J. G., Viza D. & al. (1988) – *Le rôle régulateur du silicium dans la division cellulaire*, C.R. Acad. Sci., Paris, 306: 525– 528.

(29) Isaacs M. & L. (1924) – *Sur la présence du silicium dans les tissus : une microméthode de dosage du silicium*, Bull. Soc. Chim. Bio., 6, p. 157– 168.

(30) Jonhson R. N. & Volcani B. E. (1978) – *The uptake of silicic acid by rat liver mitochondria*, Biochemical Journal, 172: 557.

(31) Kerr I. B. & de Mesquita R. P. (1975) – *Growth inhibition of sarcoma 180 by silica and talc*, Archiv für Geschwulstforschung, 45: 255– 258.

(32) Lassus A. (1993) – *Colloidal silicic acid for oral and topical treatment of aged skin, fragile hair and brittle nails in females*, The Journal of International Medical Research, 21: 209– 215.

(33) Le Ribault L. (1971) – *Présence d'une pellicule de silice amorphe à la surface de cristaux de quartz des formations sableuses*, Comptes rendus de l'Académie des sciences, Paris, 272, D, p. 1933– 1936.

(34) Le Ribault L. (1971) – *Comportement de la pellicule de silice amorphe sur les cristaux de quartz en fonction des différents milieux évolutifs*, Comptes rendus de l'Académie des sciences, Paris, 272, D, p. 2649– 2652.

(35) Le Ribault L. (1977) – *Egzoskopia : metoda okreslania geologicznej preszloscikwarcow detrytycznych* (**en polonais**), Kwartalnik Geologiczny, Varsovie (Pologne), t. 21, n° 1, p. 175–193.

(36) Le Ribault L. (1978) – *The exoscopy of quartz sand grains*, Scanning Electron Microscopy in the Study of Sediments (**en anglais**), Swansea (Grande-Bretagne), p. 319-328.

(37) Le Ribault L. (1980) – *Exoscopie des quartz : fiches signalétiques et interprétation des principaux caractères phénomorphiques*, Thèse de doctorat d'État ès-Sciences, soutenue le 7 juin 1980, n° 2286, Université Paris-Sud, Centre d'Orsay, 427 pages.

(38) Leriche J. (1933) – *Les régions pauvres en silicium et les phénomènes de cancérisation*, Le Progrès Médical, 149-150.

(39) Lévrier M., Reboul J., Duffaut N. & Dilhuydy N. (1977), *in* Senologia, vol. 2, n° 4, p. 3– 9 (IVème *Symposium international sur les maladies non cancéreuses du sein*, Strasbourg, 29 juin – 3 juillet 1976).

(40) Loeper J., Goy-Loeper J. & al. (1979) – *The antiatheromatous action of silicon*, Atherosclerosis, 33: 397– 408.

(41) Mancinella A. (1991) – *Silicon, a trace element essential for living organisms. Recent knowledge on its preventive role in atherosclerotic process, aging and neoplasms*, Clin. Ter., 137: 343.

(42) Mehard, C. W. & Volcani B. E. (1976) – *Silicon– containing granules of rat liver, kidney and spleen mitochondria : electron probes X– ray microanalysis*, Cell Tissue Research, 174: 315.

(43) Najda J., Gminski J. & al. (1992) – *Silicon metabolism. The interrelations of inorganic silicon (Si) with systemic iron (Fe), zinc (Zn) and copper pools in the rats,* Biological Trace Element Research, 34: 185– 195.

(44) Pelras M. & Le Ribault L. (1982) – *Certains microbes jouent-ils un rôle dans les phénomènes de silicification ?*, Rev. Géomor. Géol. Dyn., vol. 23, fasc. 2, pages 151– 160.

(45) Peluso M. R. & Schneeman B. O. (1994) – *A food– grade silicon dioxide is hypocholesterolemic in the diet of cholesterol–fed rats*, J. Nutr., 124: 853-860.

(46) Plagès P. & Duffaut N. (1976) – *Quelques résultats obtenus en odonto-stomatologie avec les dérivés organosiliciés*, Soc. Sc. Phys. Bordeaux, 77, p. 33-34.

(47) Pennington J. A. (1991) – *Silicon in foods and diets*, Food Additives & Contaminants, 8: 97-118.

(48) Rager G. R. (1967) – *Traitement par ionocinèse contrôlée de l'insuffisance coronarienne chronique et des artériopathies des membres inférieurs*, Agressologie, VIII, p. 69-78.

(49) Rude, R. K., K. Wiegand, & al. (1989) – *Enhancement of skeletal adenylate cyclase activity by silicon*, Journal of Bone and Mineral Research, 4: S 431.

(50) Scheffler L., Sartory A. & al. (1920) – *Sur l'emploi du silicate de soude en injections intraveineuses. Effets physiologiques. Effets thérapeutiques*, C.R. Acad. Sci. Paris, 171: 31– 33.

(51) Scholl von O. &Letters K. (1959) – *Über die Kieselsaüre und ihre physiologishe Wirkung in der Geriatrie*, München, Med. Wschr., 101: 8321– 8325.

(52) Schwartz K. & Mille D. B. (1972) – *Growth promotion effects of silicon in rats*, Nature, 239, p. 333– 334.

(53) Schwartz K. (1973) – *A bound form of silicon in glycosamino glycans and polyuronids*, Proc. Nat. Acad. Sc. U.S.A., 70, p. 1608– 1612.

(54) Schroeder H. A. (1966) – *Municipal Drinking Water and Cardiovascular Death Rates*, Jama, 195: 125– 129 (article intégral).

(55) Schwartz K. & Chen S. C. (1974) – *A bound form of silicon as a constituent of collagen*, Federation Proceedings, 33: 704.

(56) Schwartz K. (1977) – *Silicon, Fibre and Atherosclerosis*, The Lancet, 26 février.

(57) Schwarz K., Ricci B. A. & al. (1977) – *Inverse relation of silicon in drinking water and atherosclerosis in Finland*, Lancet, 1: 538–553.

(58) Seaborn C.D. & Nielsen F.H. (1994) – *Effects of germanium and silicone on bone mineralization*, Biol. Trace Elem. Res., 42: 151.

Livres

(59) Dr Eric Ancelet (1998) – *Pour en finir avec Pasteur, un siècle de mystification scientifique*, éditions Marco Pietteur

(60) Monique Beljanski (2003) – *Mirko Beljanski ou la chronique d'une « Fatwa » scientifique*, Guy Trédaniel Éditeur

(61) Monique & Mirko Beljanski (2003) – *La Santé confisquée*, Guy Trédaniel Éditeur

(62) Christopher Bird (1990) – *La Vie et les tribulations de Gaston Naessens – Le Galilée du microscope*, éditions Voici La Clef, Canada

(63) Jacques Breton (2003) – *Deux naïfs romantiques et confiants*, 58 pages, publié par *LLR– G5 Ltd*. Texte intégral disponible sur le site « www.loic-le-ribault.ch »

(64) Sophie Chervet (2002) – *Enquête sur un survivant illégal, l'affaire Gérard Weidlich*, Guy Trédaniel Éditeur

(65) André Conord (1977) – *L'Affaire Solomidès*, éditions Jean-Jacques Pauvert

(66) Erick Dietrich & Stéphanie Griguer (2005) – *Il est interdit d'interdire*, éditions Jacques-Marie Laffont

(67) Norbert Duffaut (1987) – *Les Tribulations d'un découvreur non reconnu*, 156 pages, publié en avril 2003 par *LLR– G5 Ltd*. Texte intégral disponible sur le site « www.loic-le-ribault.ch »

(68) Jean-Michel Graille (1984) – Dossier Priore, éditions Denoël

(69) Jacques Janet (2001) – *Le Silicium et la vie*, éditions Bionat

(70) Pierre Lance (2002) – *Savants maudits, chercheurs exclus*, Guy Trédaniel Éditeur, tome 1 (chapitre « *Loïc Le Ribault* », p. 315 à 354)

(71) Pierre Lance (2005) – *Savants maudits, chercheurs exclus*, Guy Trédaniel Éditeur, tome 2 (chapitre « *Norbert Duffaut* », p. 249 à 278)

(72) Guylaine Lanctôt (1995) – « *La Mafia Médicale* », éditions Voici la Clef

(73) Loïc Le Ribault (1975) – *L'exoscopie, méthode et applications*, Notes et Mémoires de la Compagnie Française des Pétroles, n° 12, 230 pages, 450 photographies *(Épuisé)*.

(74) Loïc Le Ribault (1977) : *L'exoscopie des quartz*, éditions Masson, Paris, 200 pages, 170 photographies *(Épuisé)*.

(75) Loïc Le Ribault (2006) – *Qui a peur de Loïc Le Ribault ?* (à commander à l'Association Internationale des Amis de Loïc Le Ribault – Rue de Vevey 74 – 1630 Bulle – Suisse)

(76) Auguste Lumière (1941) – *Les Fossoyeurs du Progrès, les mandarins contre les pionniers de la Science*, imprimerie Sézanne, Lyon.

(77) Dr Christian Marcowith (2003) – *Cancer : l'approche Beljanski*, éditions EVI Liberty, New York

(78) Hans Ruesch (2004) – *L'impératrice nue*, éditions du Mont Sion (Daillac – F 19200 Saint-Bonnet-près-Bort)

(79) Sylvie Simon (1997) – *La dictature médico-scientifique*, éditions Filipacchi

(80) Martin Walker (1998) – *Le Ribault' Resistance* (**en anglais**), Slingshot Publications (BM Box 8314 – London WC1N 3XX – Grande-Bretagne)

(81) Martin Walker (1999) – *La resistancia de Loïc Le Ribault* (**en espagnol**), Medicina Holística (c/Prado de Torrejón – 27 Pozuelo de Alarcón – 28221 Madrid – Espagne), n° 55 (première partie) et n° 56 (seconde partie)

Quelques coupures de presse concernant l' «Affaire Le Ribault »

1978 :

(81 bis) 29 octobre 1978 : « *Un univers dans un grain de sable* » (Sud-Ouest)

1986 :

(82) 7 février 1986 : « *La molécule de l'espoir* » (Sud-Ouest)

1995 - 1997 :

(83) 8 octobre 1995 : « *L'étrange rumeur du silanol* » (Sud-Ouest)

(84) 5 janvier 1996 : « *Une plainte contre le silanol* » (Sud-Ouest)

(85) 13 décembre 1996 : « *Loïc Le Ribault écroué* » (Sud-Ouest)

(86) 27 février 1997 : « *Loïc Le Ribault libre* » (Sud-Ouest)

2003 – 2004 :

(87) 27 décembre 2003 : « *La justice attend Loïc Le Ribault* » (Sud-Ouest)

(88) 14-15 janvier 2004 : « *Les dessous d'une arrestation* » (GHI, Suisse)

(89) 30 janvier 2004 : « *L'affaire Le Ribault : veut-on faire taire un savant qui en sait trop ?* » (Rivarol)

(90) 31 janvier 2004 : « *Le crime parfait* » (Pratiques de Santé)

(91) Février 2004 : « *Arrestation d'un grand savant français en Suisse !* » (Le Bulletin Non-Conformiste)

(92) 5 février 2004 : « *L'ancien expert du mauvais côté de la barre* » (Aujourd'hui)

(93) 5 février 2004 : « *Chercheur arrêté en Suisse – Il témoigne de Champ– Dollon* » (GHI, Suisse)

(94) 7 février 2004 : « *Le procès de Loïc Le Ribault sous les applaudissements* » (Le Monde)

(95) 13 février 2004 : « *Le code s'applique-t-il à Loïc Le Ribault ?* » (Rivarol)

(96) 13 février 2004 : « *Six mois ferme contre le père de la police scientifique* » (Aujourd'hui)

(97) 13 février 2004 : « *Relaxé du chef de tromperie* » (Sud-Ouest)

(98) 14 février 2004 : « *Quelle justice pour Loïc Le Ribault ?* » (Les 4 Vérités)

(99) 14 février 2004 : « *Loïc Le Ribault : un millier de témoignages de guérison ne suffisent pas* » (Pratiques de Santé)

(100) 28 février 2004 : « *Condamné... mais libre quand même* » (Pratiques de Santé)

Documentaire en images

(101) « *Mandat d'arrêt contre un chercheur* ». Documentaire de 52 minutes. Réalisation de Jean-Yves Bilien et Pantxo Arretz. *Satya Productions* (70, rue Myrha – F 75018 Paris)

Brochures

(102) John Ellis (2003) – *Guérir par le silicium organique*, éditions Godefroy

(103) L.A.I.M. (2002) – *Le silicium organique – Nouvelle approche*, éditions M Santé

(104) Loïc Le Ribault (1996) – *Le G5 – Historique et applications thérapeutiques* (épuisé)

(105) Anton Robinson (1999) – Le remède naturel qui peut vaincre la douleur, Edi– Inter S.A.

ANNEXES

- 1 -

Norbert DUFFAUT

Brevets et publications

1.– Brevets sur les complexes organosiliciés

1959 (FR 1.234.213) : GUEYNE Charles, Henri, Jean et Mme DUFFAUT, née PAUMONT Marie, Irène – *Procédé de fabrication de complexes organo-siliciques. Complexes obtenus et leurs applications.*

1960 (FR 1069M) : GUEYNE Charles, Henri, Jean et Mme DUFFAUT, née PAUMONT Marie, Irène – *Complexe organo-silicique.*

1965 (FR 5201M) : Mme Marie, Irène PAUMONT, épouse DUFFAUT et SOCIETE CIVILE DE RECHERCHE PHARMACEUTIQUE ET THERAPEUTIQUE – *Composition thérapeutique à base de monométhyltrisilanol orthohydroxybenzoate de sodium et d'acide parahydroxycinnamique.*

1966 (FR Addn 92,263) : GUEYNE Charles, Henri, Jean et DUFFAUT Marie, Irène. Addition au brevet FR 1.234.213 – *Cosmétiques à base de Méthylsilanetriol Mannuronate.*

1966 (FR 6871M) : PAUMONT Marie, Irène, épouse DUFFAUT et GUEYNE Charles, Henri, Jean – *Médicaments à base de composés organosiliciques.*

1971 (FR 2.160.293) : GUEYNE Jean et PAUMONT Irène, épouse DUFFAUT – *Médicament contenant un composé organosilicique hydrosoluble.*

1973 (FR 2.230.376) : GUEYNE Jean et DUFFAUT Norbert – *Procédés de préparation de solutions aqueuses stables contenant des polysilanols siloxaniques, et applications des solutions obtenues.*

1981 (FR 2.510.407) : DUFFAUT Charles Norbert et DUNOGUES Jacques Paul – *Composition à base de produits organosiliciés et de dérivés phosphoriques de l'adénosine pour le traitement de la cellulite.*

1982 (FR 2.530.651) : DUFFAUT Charles Norbert, DUNOGUES Jacques Paul et LE RIBAULT Loïc – *Utilisation de dérivés organiques pour l'élimination des argiles dans les roches et les environnements sédimentaires.*

1991 (FR 2.684.002) : DUFFAUT Norbert Charles, DUNOGUES Jacques Paul, GRIGNON DUBOIS Micheline Marie, LAGUERRE Michel et PICARD Jean Paul – *Traitement du SIDA au moyen de compositions aqueuses dont la base incontournable à ce jour est constituée, avant potentialisation, de dérivés organosiliciés.*

(N.B.: À cette liste il convient d'ajouter un brevet déposé en 1980 par Norbert DUFFAUT pour le compte de la société EXSYMOL à Monaco, appartenant à Jean GUEYNE. Mais ce brevet ne concerne pas les complexes organosiliciés : 1980 (FR 2.484.425) : DUFFAUT Norbert (Société anonyme EXSYMOL– MC) – *Polyoxyalkylène–siloxanes spéciaux et leurs applications.*)

Remarques: Le premier brevet a donc été déposé en 1959 au nom de Madame Marie-Irène DUFFAUT, la mère de Norbert, qui ne souhaitait pas apparaître afin d'éviter tout problème avec l'université. Les cinq brevets suivants ont été également déposés au nom de Madame DUFFAUT, avec toujours, comme co-déposant, Jean GUEYNE.

À noter que, pour cinq des sept brevets déposés entre 1959 et 1973, le nom de GUEYNE (qui n'est pas chimiste), figure pourtant toujours en premier...

2.– Communications et publications sur les complexes organosiliciés

1962 : GUEYNE J., DUFFAUT N. & QUILICHINI R (Faculté de médecine de Bordeaux) – *Absorption cutanée de salicylate de potassium sous forme de complexe organosilicié*, Thérapie 17(4), p. 549– 557, 1062.

1967 : DUFFAUT N. – *Synthèse et propriétés de quelques complexes organosiliciés,* Séminaire de Chimie Organique, Bordeaux, 7 mars 1967.

1970 : JANET Jacques et DUFFAUT Norbert – *Réflexions sur le rôle du silicium dans le mécanisme de la biogénèse*, P.V. Séances Soc. Sci. Phys. Nat. Bordeaux, 1970, p. 69– 71.

1975 : GRUBIS B. et DUFFAUT N. – *Détermination directe du silicium dans le sang par spectrométrie de fluorescence ; domaine d'application à l'analyse médicale de cette méthode physique*, Spectre 2000– 14, p. 31– 35, 1975.

1976-1977 : PLAGES P. et DUFFAUT N. – *Quelques résultats obtenus en odonto-stomatologie avec les dérivés organosiliciés*, P.V. Soc. Sc. Phys. Bordeaux, p. 33– 34, 1976– 1977.

1977 : M. LEVRIER *, J. REBOUL *, N. DUFFAUT ** et DILHUYDY * – *Composés organosiliciés et régénération du tissu conjonctif mammaire*, Senologia, vol. 2, n° 4, p. 3-9, 1977. Communication présentée au IVème Symposium International de Sénologie "*Maladies non cancéreuses du sein*", Strasbourg, 29 juin – 3 juillet 1976. (*: Chaire de Carcinologie, Hôpital Saint-André, Université Bordeaux II. **: Laboratoire de Chimie organique, Faculté des Sciences, Université Bordeaux I)

- 2 -

Jacques BRETON

Curriculum vitae

Né le 17 mars 1923 à 49000 ANGERS (France)

Docteur ès–sciences physiques (Grade d'État)

Vice– Président de l'Université de Bordeaux I Sciences (1970– 1977)

Enseignant– Chercheur à l'Université (1951 – 1989)

Chargé d'Enseignement au Certificat International d'Écologie Humaine (Huit Universités européennes) : "*Physique de l'atmosphère et Ecologie*" / les phénomènes électriques et ioniques atmosphériques, leurs relations avec le milieu vivant, leur impact sur la santé (1976 – 2000) .

Président Directeur Scientifique du *Centre d'Etudes et Recherches Bioclimatiques d'Aquitaine* (C.E.R.B.A.) (1990 –)

Officier des Palmes Académiques – Chevalier de l'Ordre national du Mérite .

Membre de l'Académie des Sciences de New York (1982 –)

Travaux scientifiques (résumés) :

Polarisation rotatoire magnétique (effet Faraday) : réalisation du 1er polarimètre à photomultiplicateurs d'électrons (1952–59) : Thèse d'État et suite.

Résonance paramagnétique électronique (résonance de spin) en champ faible et applications (Direction de Thèse).

Électronique : étude et réalisation d'un nouveau type de générateurs de tensions asservies (sources de "courant constant"). Applications en biophysique.

Méthodes électroniques nouvelles, "légères", d'investigations en microsismique, électronique impulsionnelle, traitement de signal (direction de thèses)

Biophysique cellulaire : études de l'électrocinétique membranaire par moyens électroniques nouveaux, et applications aux pathologies dégénératives (en cours) .

Phénomènes ioniques atmosphériques : action sur le milieu vivant (Direction de thèse) ; études sur le milieu cellulaire en culture (Faculté de Médecine, Bordeaux) ; ionisation "artificielle": étude de l'effet "couronne" et des émissions de peroxydants ; création d'un nouveau dispositif à "surconfinement de plasma", sans émission d'ozone ; applications au traitement de l'air (milieux industriel, hospitalier, privé, etc.). Brevets déposés en France et dans tous les pays industrialisés.

Direction du C.E.R.B.A. : réalisation d'un ionomètre original en site extérieur (Arcachon) pour la mesure en continu des charges électriques atmosphériques des deux signes ; découverte d'une corrélation nouvelle avec le passage des "fronts" de perturbations. météorologiques (Publication sortie en 01/98 aux États-Unis au *Journal of Geophysical Research*).

Étude en cours des applications industrielles et cliniques de l'ionisation négative "artificielle" au moyen de sources à "surconfinement" de plasma" (sans émission d'ozone) : dépollution et décontamination des sites critiques, lieux publics et privés, etc.

Loïc LE RIBAULT

Curriculum vitae

Né le 18 avril 1947 à Vannes, France.

Diplômes et titres :

Licence ès lettres, Sorbonne, Paris, 1970.
Certificats d'Océanographie, Écologie et Pédologie, Paris, 1971
Maîtrise de Géographie physique, Paris, 1971.
Doctorat de Troisième cycle en Sédimentologie, Orsay, 1973.
Doctorat d'État ès sciences, Orsay, 1980.
Expert en microanalyse près la Cour d'Appel de Bordeaux, 1984-1991.
Expert en microanalyse agréé par la Cour de cassation, Paris, 1988-1991.

Distinctions diverses :

Lauréat de la *Fondation de la Vocation* (Recherche scientifique), 1972.
Premier *Prix National de la Création d'Entreprise Innovante*, 1983.
Lauréat du *Forum Européen des Créateurs d'Entreprises*, 1984.
*Aquitain de l'Année*1987.

Carrière :

1970-1973 : Chercheur au laboratoire d'Océanographie de l'Université d'Orsay. Invention de l'exoscopie des quartz.

1973-1981 : Chef du service de microscopie électronique au Laboratoire central de *TOTAL*.

1981-1990 : Fondateur et Président-Directeur Général du laboratoire *C.A.R.M.E.* (*Centre d'Applications et de Recherches en Microscopie Electronique*). Rénovation de la police technique et scientifique française.

1991-1996 : Chercheur indépendant.

Septembre 1999 – février 2004 : Fondateur et co-directeur de la société *LLR– G5 Ltd* en Irlande.

Depuis le 25 février 2004 : Chercheur indépendant.

Publications et conférences :

Onze livres et une cinquantaine de publications scientifiques (notamment à l'Académie des sciences) consacrés à la sédimentologie, l'exoscopie des quartz et la microanalyse appliquée à la criminalistique.

Environ trois cents conférences en Europe, aux États-Unis, au Canada et en Afrique dans des universités, des unités de police et de gendarmerie, des Cours de justice, des associations scientifiques, etc.

- 4 -

Le G5

[extraits du document (* **104**)]

LES PROPRIÉTÉS DU G5

On peut résumer ainsi les principales caractéristiques du G5 :

– Son efficacité est **prouvée** par des tests officiels ;

– Il est **assimilable** par l'organisme humain et par celui des animaux et des végétaux. De nombreuses applications vétérinaires ont été réalisées sur du bétail (chevaux, vaches, porcs), des volailles (poules et canards), des poissons d'aquarium, des chiens et des chats.

– Il ne présente **aucune toxicité**[14] ;

– Il joue un rôle important dans la **restructuration des fibres d'élastine et de collagène**, dans les stades précoces de la **minéralisation osseuse** et dans le **métabolisme général** de l'organisme ;

– Il possède la propriété de **traverser le derme et l'épiderme pour diffuser ensuite dans l'ensemble de l'organisme**, et en particulier dans les organes ou parties du corps souffrant d'agressions diverses ou de dysfonctionnement ;

– Il est **compatible avec toute thérapie** à laquelle sont éventuellement soumis les patients avant ou pendant son utilisation ;

– C'est un **anti-inflammatoire** ;

– Il accélère les processus de **cicatrisation** ;

– Il **renforce les défenses immunitaires** de l'organisme ;

– Il **dynamise**, **protège** et **régénère** l'ensemble des cellules du corps ;

– Il ne provoque **aucun effet secondaire**, même après utilisation durant plusieurs années consécutives ;

– C'est un « **anti-douleur** », dont l'action est souvent perceptible au bout de quelques minutes seulement ;

– Le G5 peut être utilisé par les enfants en bas âge et les femmes enceintes.

---

14. Tests officiels réalisés par le laboratoire Evic Ceba en 1995 et 2004, en conformité avec la Directive européenne 86/609/CEE du 24 novembre 1986, et par l'Agence Française du Médicament (ministère français de la Santé) en décembre 1995.

MODES D'UTILISATION DU G5

Le G5 est présenté sous deux formes : **liquide** et **gel**.

Le **gel** est utilisé uniquement en applications externes.

Le **liquide** peut être utilisé par voie orale et en applications externes par pulvérisations, compresses, compresses étanches, dans les yeux, les oreilles, par microlavements vaginaux et anaux.

1.– VOIE ORALE (G5 liquide)

L'approche est différente selon que les utilisateurs sont « bien portants » (ou supposés tels) ou au contraire souffrent d'affections déclarées ou de séquelles de celles-ci.

Dans le premier cas, une cure simple destinée à une « remise en forme » générale est conseillée ; dans le second, celle-ci s'inscrit dans le cadre d'un véritable traitement, qui doit de préférence être effectué en collaboration avec un médecin.

1.1.– LA CURE

La cure consiste en l'absorption quotidienne de G5 pendant un mois.

La quantité moyenne est comprise entre une et trois cuillère(s) à soupe par jour, selon les besoins.

Il est conseillé de commencer par une cuillère quotidienne, et de voir au bout d'une semaine si des résultats bénéfiques se font sentir au point de vue de l'état général.

Si ce n'est pas le cas, il convient d'augmenter la dose journalière à deux cuillères puis, si aucune amélioration ne s'est encore fait ressentir au bout d'une autre semaine, de passer à trois cuillères à soupe par jour. Dans la majorité des cas, trois cuillères à soupe quotidiennes permettent d'obtenir une remise en forme parfaite. Celle-ci se manifeste de multiples façons, telles que la reprise d'un sommeil et d'un appétit normaux, un meilleur équilibre nerveux, une énergie accrue, etc.

La première cuillère est absorbée de préférence le matin à jeun et les autres (midi et soir) vingt minutes au moins avant les repas. Conserver le produit dans la bouche 1 à 3 minutes avant de l'avaler.

Compte tenu de l'absence totale de toxicité du G5, les utilisateurs qui le souhaitent ou en éprouvent le besoin peuvent à leur gré largement dépasser les doses indiquées ci-dessus.

Il est important de suivre la cure sans interruption pendant un mois, même si la remise en forme paraît très satisfaisante au bout de quelques jours.

A l'issue de cette période d'un mois, on peut interrompre la cure et ne la reprendre que si on en ressent la nécessité (réapparition de la fatigue, des insomnies, perte de tonus, d'appétit, etc.).

En fait, la souplesse d'utilisation du G5 est telle que chacun est libre de l'utiliser à sa guise et selon ses besoins.

N.B.:

– Le G5 est compatible avec n'importe quelle thérapie éventuellement en cours. Toutefois, si celle-ci oblige le patient à absorber des médicaments classiques (allopathiques ou homéopathiques), il est conseillé de prendre le G5 séparément (par exemple une heure avant ou une heure après l'absorption des médicaments classiques) ;

– Il arrive parfois que, quelques secondes ou quelques minutes après l'absorption de G5, on ressente des picotements ou une sensation de chaleur ou au contraire de froid diffuse dans le corps ; il s'agit d'un phénomène normal, et l'impression se dissipe au bout de quelques minutes.

– Les picotements et/ou la chaleur ou le froid sont parfois localisés dans une partie très précise du corps ; en ce cas, il convient de mémoriser la zone de l'organisme ainsi « désignée », qui correspond vraisemblablement à une affection locale quelconque, connue ou non, et d'en avertir son médecin traitant.

1.2.– LA CURE ACCOMPAGNÉE D'UN TRAITEMENT

Il s'agit d'une cure identique à celle décrite précédemment, mais effectuée sous surveillance médicale avec analyses et contrôles spécifiques (analyses de sang, radios, examens cliniques, etc.).

Au bout d'un mois, le bilan à disposition du médecin permettra à celui-ci de décider si la cure est suffisante ou doit être poursuivie, les doses maintenues, diminuées ou augmentées, et si le traitement complémentaire éventuel (avec d'autres formes d'utilisation de G5 et/ou de médicaments classiques) est adapté ou doit être modifié.

Pour les affections lourdes, les doses quotidiennes sont généralement comprises entre 3 et 9 cuillères à soupe, et parfois plus.

COMPRESSES ÉTANCHES (G5 liquide)

Imbiber de G5 un (ou plusieurs) morceau(x) de coton (ou de gaze) d'une taille correspondant à la surface du corps à traiter.

Afin d'éviter l'évaporation, recouvrir le coton ou la gaze d'un film plastique alimentaire assurant une bonne adhérence.

Appliquer l'ensemble sur la peau, et conserver pendant la journée ou durant toute la nuit.

N.B.:

– Souvent, on ressent une impression de légers picotements (généralement qualifiés d' « électriques »), de chaleur ou au contraire de froid, qui diffuse dans l'organisme. Ce phénomène est normal. Mais il arrive aussi qu'aucune sensation ne soit perceptible (ce qui ne signifie nullement que le G5 n'agisse pas !).

– Les compresses provoquent parfois l'apparition de démangeaisons ou de rougeurs.

Si elles apparaissent sur toute la surface de la peau en contact avec les compresses, il s'agit dans la plupart des cas des conséquences du phénomène de macération. En ce cas, diminuer le temps d'application des compresses ou essayer les massages.

– Rougeurs et/ou démangeaisons peuvent être accompagnées d'une sensation nette de chaleur interne très localisée, voire de douleur ou d'une élévation de température ; c'est généralement le signe que le G5 a déjà produit son effet (parfois après une seule application). En ce cas, il convient d'arrêter les compresses et d'observer l'évolution de l'affection durant quelques jours (consultations médicales, analyses de sang, etc.).

– Les compresses ne doivent pas être réutilisées.

COMPRESSES (G5 liquide)

Imbiber de G5 un (ou plusieurs) morceau(x) de coton (ou de gaze) d'une taille correspondant à la surface à traiter, puis appliquer sur la peau.

Souvent, on ressent une impression de légers picotements (généralement qualifiés d' « électriques »), de chaleur ou au contraire de froid, qui diffuse dans l'organisme. Il est également fréquent que la sensation de froid soit suivie d'une sensation de chaleur, ou l'inverse. Ce phénomène est normal.

Mais il arrive aussi qu'aucune sensation ne soit perceptible (ce qui ne signifie nullement que le G5 n'agisse pas !).

Au bout de 20 minutes environ, enlever le cataplasme et laisser la peau sécher à l'air libre.

L'opération peut être renouvelée aussi souvent que nécessaire si la gêne ou la douleur persiste.

Les compresses ne doivent pas être réutilisées.

TAMPONNEMENTS (G5 liquide)

Imbiber de G5 un morceau de coton et en tamponner pendant 5 à 10 minutes la surface à traiter.

VAPORISATION (G5 liquide)

Remplir de G5 un vaporisateur n'ayant jamais servi, du type de ceux qu'on trouve en pharmacie.

Vaporiser ensuite toute la surface à traiter.

Laisser sécher à l'air libre ou masser légèrement (avec des mains propres !) jusqu'à pénétration complète du produit.

Renouveler l'opération aussi souvent que nécessaire.

N.B.: Ne **JAMAIS** réutiliser un vaporisateur ayant contenu un autre produit ! Utiliser **TOUJOURS** un vaporisateur neuf, exclusivement réservé à l'emploi du G5 !

MASSAGES (G5 gel)

Etaler une mince couche de gel sur la peau, puis attendre quelques minutes sans y toucher.

Masser ensuite légèrement jusqu'à pénétration complète du produit.

L'opération peut être renouvelée aussi souvent que nécessaire.

N.B.: Pendant une demi-heure après chaque application de gel, éviter de mettre la surface de peau traitée en contact avec des produits corrosifs ou toxiques (ex. : liquides ou poudres à laver, insecticides, etc.).

EXEMPLES de TRAITEMENTS par le G5

ÉTAT GÉNÉRAL

Fatigue, nervosité, manque d'appétit, insomnie, etc. : **Cure**

ARTICULATIONS

Douleurs articulaires, arthrite, arthrose, rhumatismes, etc. : **Cure** + cataplasmes ou tamponnements ou vaporisations ou massages sur les articulations douloureuses aussi souvent que nécessaire.

O.R.L.

Sinusite : Cataplasmes ou tamponnements ou massages 3 à 4 fois par jour, accompagnés d'instillations. Pour cela, placer quelques gouttes de G5 dans le creux de la main (propre !) et les respirer, puis garder la tête renversée durant quelques minutes.

PROBLÈMES CUTANÉS

Acné : Tamponnements ou vaporisations ou massages trois fois par jour.

Eczéma : **Cure** + tamponnements ou cataplasmes ou vaporisations ou massages 2 à 4 fois par jour sur les zones à traiter.

Psoriasis : **Cure** + tamponnements ou cataplasmes ou vaporisations ou massages 2 à 4 fois par jour sur les zones à traiter.

Vitiligo : **Cure** + tamponnements ou cataplasmes ou vaporisations ou massages 2 à 4 fois par jour sur les zones à traiter.

Zona : **Cure** + tamponnements ou cataplasmes ou vaporisations ou massages 2 à 4 fois par jour sur les zones à traiter.

PROBLÈMES OCULAIRES

3 à 4 gouttes de G5 dans l'oeil 3 fois par jour.
Pour éviter une légère sensation de brûlure (qui s'estompe en quelques secondes), il est possible de diluer le produit avant application (2 à 3 volumes d'eau pour 1 volume de G5).

SYSTÈME CARDIO-VASCULAIRE

Cardio-vasculaires (Problèmes) : **Cure**, puis examens médicaux pour contrôle des résultats et adaptation éventuelle du traitement.

Céphalées (migraines, maux de tête) : **Cure** + cataplasmes ou massages au niveau de la zone douloureuse.

Cholestérol : **Cure**, puis analyses de sang pour contrôle des résultats et adaptation éventuelle du traitement.

Hypertension ou Hypotension : **Cure** + contrôle régulier de la tension pendant la durée de la cure.

SYSTÈME DIGESTIF

Digestifs et intestinaux (problèmes divers) : **Cure.**

Hépatites : **Cure** puis analyses de sang pour contrôle des résultats et adaptation éventuelle du traitement. L'absorption de G5 peut être accompagnée d'application de compresses au niveau du foie.

N.B. : Il arrive parfois que, juste après la première ou une des premières absorptions de G5, les patients ressentent une douleur plus ou moins vive (qui disparaît en quelques minutes) dans la région du foie. Ne pas s'inquiéter: ce symptôme est généralement le signe que le G5 a déjà agi ; pour s'en assurer il convient de faire effectuer une prise de sang le plus rapidement possible.
Dans l'attente des résultats, trois cas peuvent se produire :
- Si après l'absorption suivante la même douleur réapparaît, arrêter le traitement.
- Si la douleur se manifeste à nouveau, mais de façon moins violente, diminuer la dose de G5 quotidienne.
- Si la douleur ne se manifeste plus, continuer la cure en maintenant la dose quotidienne initiale.

En cas d'application de compresses, surveiller une augmentation éventuelle de la température. Si un tel phénomène se produit, arrêter les applications.

Cirrhose : Même traitement que pour les hépatites.

Crohn (maladie de) : **Cure**, puis analyses de sang pour contrôle des résultats obtenus et adaptation éventuelle du traitement.

SYSTÈME HORMONAL

Diabète : **Cure**, puis analyses de sang pour contrôle des résultats obtenus et adaptation éventuelle du traitement.

SYSTÈME IMMUNITAIRE

Allergies diverses : **Cure** + cataplasmes ou tamponnements ou vaporisations ou massages 3 à 4 fois par jour au niveau de la saignée des bras et sur les parties à traiter.

Herpès : **Cure** + tamponnements ou cataplasmes ou vaporisations ou massages 2 à 4 fois par jour sur les zones à traiter.

SYSTÈME NERVEUX

Dépression : **Cure**

Sclérose en plaques : **Cure**

SYSTÈME RESPIRATOIRE

Asthme : **Cure** + cataplasmes ou tamponnements ou vaporisations ou massages 3 à 4 fois par jour au niveau de la saignée des bras.

Respiratoires (problèmes) : **Cure** + cataplasmes ou tamponnements ou vaporisations ou massages 3 à 4 fois par jour au niveau de la poitrine.

TRAUMATISMES

Brûlures :
Superficielles : Cataplasmes ou tamponnements ou vaporisations ou massages.
Profondes : Vaporisations.

Soleil (coups de) : Voir « brûlures ».

Coupures : Vaporisations. **Pas de massages !**

Entorses : Compresses ou cataplasmes ou vaporisations ou massages.

Hématomes : Compresses ou cataplasmes ou vaporisations ou massages.

Musculaires (déchirures, douleurs) : Compresses ou cataplasmes ou vaporisations ou massages.

Piqûres d'animaux (insectes, méduses, poissons, etc.) ou irritations dues à des plantes et végétaux divers (orties, etc.) : Cataplasmes ou tamponnements ou vaporisations ou massages. La douleur et/ou l'enflure doivent disparaître en quelques minutes.
N.B.: **Ne pas utiliser** le G5 en cas de piqûre ou de morsure d'animaux venimeux tels que les serpents, nécessitant l'injection d'un sérum spécifique.

Tendinite: Compresses ou cataplasmes ou vaporisations ou massages.

TABLE DES MATIÈRES

Achevé d'imprimer en juillet 2006
sur les presses de la Nouvelle Imprimerie Laballery
58500 Clamecy
Dépôt légal : juillet 2006
Numéro d'impression : 606175

Imprimé en France